第五元素识图课件●钢结构篇

第五元素　编

武汉理工大学出版社
WUTP　Wuhan University of Technology Press

图书在版编目(CIP)数据

第五元素识图课件. 钢结构篇/第五元素编.—武汉:武汉理工大学出版社,2022.9
ISBN 978-7-5629-6672-2

Ⅰ. ①第… Ⅱ. ①第… Ⅲ. ①建筑结构—钢结构—建筑制图—识图—应用软件 Ⅳ. ①TU204-39
中国版本图书馆 CIP 数据核字(2022)第 173696 号

项目负责:陈军东   **责任编辑**:陈军东
责任校对:夏冬琴   **版式设计**:冯　睿
出版发行:武汉理工大学出版社
地　　址:武汉市洪山区珞狮路 122 号   **邮　　编**:430070
网　　址:http://www.wutp.com.cn　理工图书网
　　　　　E-mail:chenjd@whut.cdu.cn
经 销 者:各地新华书店
印 刷 者:武汉中远印务有限公司
开　　本:880×1230　1/16
印　　张:19
字　　数:562 千字
版　　次:2022 年 9 月第 1 版
印　　次:2022 年 9 月第 1 次印刷
定　　价:218.00 元

作者简介

作者：第五元素

◆ 工程管理硕士，一级建造工程师、一级造价工程师、高级工程师。

◆ 曾负责百余项建设工程项目的全过程成本管理和预结算工作，有多项特大重大项目现场经验，并受聘为所在地专家库评审专家。

◆ 全网粉丝500万！亲自讲解施工图纸，结合图集、规范、现场图片让学员快速学懂看图纸，培训学员8万多人次，深受网友们的好评！直播间历史最高3万人同屏在线听课，抖音建筑培训大类榜首。

◆ 全网主讲过多门专业课程，讲课逻辑清晰，善于总结归纳，深受学员欢迎！

祝读书快乐，生活如意事业高升

——第五元素

前　言

　　尊敬的各位粉丝朋友,感谢大家选择了《第五元素识图课件·钢结构篇》。近年来,随着我国建筑行业的飞速发展,追求工程周期短、质量高、施工占地少、投资成效快、绿色环保是现代建筑的基本要求,钢结构建筑正好符合这一要求。特别是近几年高层建筑群已成为大中城市建筑的显著特征,钢结构因其具有良好的抗震性能,各大中城市均采用钢结构建设标志性建筑。

　　目前钢结构市场不断扩大的同时,对钢结构施工从业人员的需求也不断增多,需要更多能够全面、准确地掌握钢结构识图技能的技术人员,需要他们在读懂钢结构施工图的设计意图后,严格按图施工,以确保工程的施工质量和安全。为帮助刚接触建筑行业,希望从事钢结构工作的初学者,为其提升就业的能力,同时也为正在从事钢结构行业的人员技能水平更上一层楼,我们编写了此书,本书的编写依据是国家有关钢结构最新标准和规范。

　　本书的特点如下:

　　(1)本书最大的特点就在于,舍弃了大量枯燥而乏味的文字介绍,从钢结构图纸识读一直到钢结构零件加工和安装验收等,以图文并茂的形式来体现钢结构建筑工程施工中的各种细节做法,增强图书内容的可读性。

　　(2)编制人员从钢结构识图人员和施工人员的实际需求出发,根据图集原图,创造性地设计出三维结构图,表达更加形象、生动、具体,使初学者一目了然。

　　(3)对单层钢结构工业厂房、多层钢结构建筑、型钢混凝土建筑和压型钢板等常见工程实例进行了识读讲解,真正做到一比一还原现场施工蓝图,手把手教你掌握本领。

　　本书在编写过程中虽然经反复斟酌推敲,但鉴于学识所限,书中疏漏不妥之处在所难免,肯请广大读者批评指正,以利于编者进一步提高和改进,在此谨表谢意。

目　　录

第一章　钢结构基本知识及概念

第一节　钢结构建筑类型

大跨度钢结构

钢结构在大跨度建筑中的应用，往往能够更好地体现和提升建筑的外观形象。建筑物中大跨度结构的有飞机库、航空港、粮库、物流转运中心库、火车站、会议厅、体育馆、影剧院等。常用结构体系主要有框架结构、拱式结构、网架结构、悬索结构、悬挂结构、预应力钢结构等。

板壳钢结构

要求密闭的容器，如大型储油罐、煤气库、炉壳等都可以采用板壳钢结构制造，要求能承受很大内力。有的板壳钢结构还要求能承受高温以及温度的急剧变化，如高炉结构和大直径的高压输油管道等。还有一些大型水利工程结构的水工闸门也都采用钢结构制造，如葛洲坝、三峡大坝的闸门。

高耸结构

高耸结构主要包括电视塔、微波塔、通信塔、转电线路塔、石油化工塔、大气监视塔、火箭发射塔、钻井塔等，许多高耸结构都采用钢结构。

高层建筑

由于钢构件承载力大，在承载相同荷载时，构件截面更小，可以使建筑获得更大的使用空间。因此，商务楼、饭店、公寓等多层、高层、超高层建筑也越来越多地采用钢结构。有关数据显示，使用 BH 型钢支座的钢结构与混凝土结构相比较，自重可减轻 20%～30%，提高使用面积达 5%～8%。

章节号	第一节		钢结构建筑类型		
审　核	第五元素	设　计	第五元素产品开发小组	页	3

承受重型荷载的钢结构

　　重型生产车间,如冶金工业工厂的平炉车间、轧钢车间、冶炼车间,重型机械厂的锻压车间,造船厂的船体装配车间,飞机制造厂的装配车间,以及重型厂房的屋架、柱、吊车梁等承重体系,一般都采用钢结构。

模块化钢结构

　　由于钢结构强度较高,相对较轻,因此一些经常需要进行拆装的结构,如装配式房屋、水工闸门、升船机、桥式吊车和各种塔式起重机、龙门起重机、缆索起重机等都采用钢结构。

桥梁结构

　　钢结构在桥梁特别是中等跨度的斜拉桥和悬索桥结构中的应用广泛,例如上海地区的南浦大桥、杨浦大桥、徐浦大桥,江苏的江阴大桥、苏通大桥,公铁两用的双层九江大桥等。

轻型钢结构

　　轻型钢结构主要用于以轻型冷弯薄壁型钢、轻型焊接的高频焊接型钢、薄钢板、薄壁钢管、轻型热轧型钢拼接、焊接而成的组合构件为主要受力构件,大量采用轻质围护隔离材料的单层或多层建筑。

第二节 钢结构材料

钢结构是由钢制材料组成的结构,是主要的建筑结构类型之一。结构主要由型钢和钢板等制成的钢梁、钢柱、钢桁架等构件组成,并采用硅烷化、纯锰磷化、水洗烘干、镀锌等除锈防锈工艺。各构件或部件之间通常采用焊缝、螺栓或铆钉连接。因其自重较轻,且施工简便,广泛应用于大型厂房、场馆、超高层建筑等领域。

一、钢结构的优缺点

1. 钢结构的优点

(1)强度高、强重比大;塑性、韧性好;

(2)材质均匀,符合力学假定,安全可靠度高;

(3)工厂化生产,工业化程度高,施工速度快;

2. 钢结构的缺点

钢结构耐热不耐火;易锈蚀,耐腐性差。

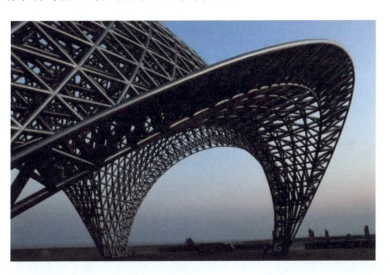

二、常用建筑钢材

钢材形式多种多样,建筑常用钢材有以下几种:

(一)普通碳素钢 Q235B, Q345B, Q355B, Q390B, Q420B, Q460B

这类钢材的牌号由 Q+数字+质量等级符号+脱氧方法符号组成。它的钢号冠以"Q",代表钢材的屈服点,后面的数字表示屈服点数值,单位是 MPa,例如 Q235 表示屈服点(σ_s)为 235 MPa 的碳素结构钢。必要时钢号后面可标出表示质量等级和脱氧方法的符号。

质量等级符号分别为 A、B、C、D。

脱氧方法符号表示如下:

符号	含义
F	沸腾钢
b	半镇静钢
Z	镇静钢
TZ	特殊镇静钢

注:镇静钢可不标符号,即 Z 和 TZ 都可不标,例如:Q235—AF 表示 A 级沸腾钢,Q235—B 表示 B 级镇静钢。

(二)高建钢 Q235GJB, Q355GJB, Q390GJB, Q420GJB, Q460GJB

高层建筑用的钢板简称高建钢,它具有易焊接、抗震、抗低温冲击等性能,主要应用于高层建筑、超高层建筑、大跨度体育场馆、机场、会展中心以及钢结构厂房等大型建筑工程。高建钢板与普通碳钢或低合金钢板

章节号	第二节		钢结构材料		
审 核	第五元素	设 计	第五元素产品开发小组	页	5

相比,屈服强度设定了上限,抗拉强度有提高,对碳当量、屈强比指标有要求。

高层建筑用钢受力情况复杂,要求具有安全可靠性高、使用寿命长,并能够抵御一定的地震烈度的破坏等特点,这就决定了高层建筑结构用钢板要求具有一定的特殊性能,主要有以下几点:

(1)能够抵御一定地震力的破坏,要能防震和抗震。为此钢板不仅要具有足够的抗拉强度和屈服强度,而且要具有较低的屈强比。低的屈强比能够使材料具有良好的冷变形能力和高的塑性变形功,吸收较多的地震能,提高建筑物的抗震能力。

(2)要具有良好的焊接性能,做到焊前不需预热,焊后不需热处理,以便于现场施焊,从而减小劳动强度、提高劳动效率。

(3)具有较高的塑性和韧性,以使钢板具有良好的力学性能。

(4)具有较小的屈服强度波动范围。屈服强度变动范围大时,建筑物各部分之间屈服强度的匹配可能与设计要求值不同,容易产生局部破坏,降低建筑物的抗震性。因此,日本标准中规定屈服强度波动范围不大于 120MPa。

(5)采用焊接连接的梁与柱节点范围内,当节点约束较强并承受沿板厚方向的拉力作用时,要求钢板必须具有一定级别的抗层状撕裂能力。

高建钢的牌号按屈服点分为 235MPa、355MPa、390MPa、420MPa 和 460MPa 五个强度级别,各强度级别分为 Z 向和非 Z 向钢,Z 向钢有 Z15、Z25、Z35 三个等级,各牌号又按不同冲击试验要求分质量等级,各牌号均具有良好的焊接性能。钢板的主要品种为 Q235GJB/C/D 和 Q355GJB/C/D,执行国家标准《建筑结构用钢板》(GB/T 19879—2005)。

对于厚度方向性能钢板,在质量等级符号后加上厚度方向性能级别,如 Q355GJCZ25,其中 Q、G、J 分别为屈服点、高层、建筑的首位汉语拼音字母;355 为屈服点数值,单位 MPa;Z25 为厚度方向性能级别;C 为质量等级,对应于 0℃冲击试验温度。

(三)优质碳素钢 45 号钢

45 号钢为优质碳素结构用钢,硬度不高易切削加工,在模具中常用来做模板,梢子,导柱等,但须热处理。在建筑中常用于螺栓球网架的套筒及钢球。

(四)合金钢 20MnTiB,40Cr,35CrMo,35VB 等

合金钢是指在普通碳素钢基础上添加适量的一种或多种合金元素而构成的铁碳合金。根据添加元素的不同,并采取适当的加工工艺,可获得高强度、高韧性、耐磨、耐腐蚀、耐低温、耐高温、无磁性等特殊性能。合金钢的主要合金元素有硅、锰、铬、镍、钼、钨、钒、钛、铌、锆、钴、铝、铜、硼、稀土等。在建筑中常用于高强螺栓、紧固螺钉、钢拉杆。

(五)低屈服点钢 LY100,LY160,LY225 等

低屈服点钢是一种新的钢种,其主要特点是屈服点稳定,其波动范围一般控制在±20MPa 的范围内,此外具有更好的延伸率。低屈服点钢材常见型号屈服点强度为 160Mpa、225MPa 两种。常用于屈曲约束支撑(BRB)的芯材及剪切型阻尼器的耗能段,具有良好的减震滞回特性。

章节号	第二节		**钢结构材料**		
审 核	第五元素	设 计	第五元素产品开发小组	页	6

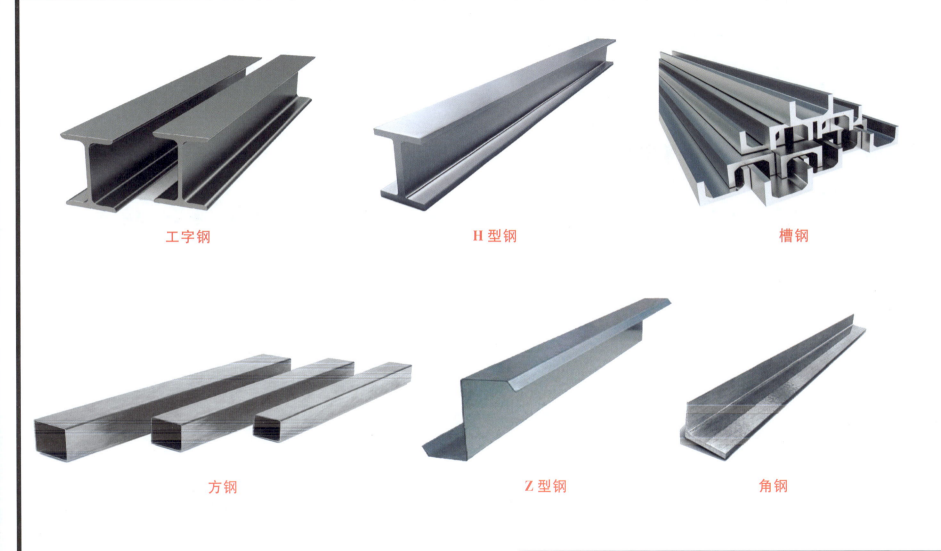

工字钢　　　　　　　　H 型钢　　　　　　　　槽钢

方钢　　　　　　　　Z 型钢　　　　　　　　角钢

章节号	第三节	常用钢结构型材及表示方法		
审　核	第五元素	设　计	第五元素产品开发小组	页　7

一、常用钢材释疑

H 型钢和工字钢的区别是什么?

建筑结构材料,主要采用 H 型钢,一般不采用工字钢。工字钢的翼缘是斜面,翼缘端部呈圆弧状,使用螺栓连接时,需要专门用于斜面的垫片来辅助,而且同样的截面,工字钢比 H 型钢厚。

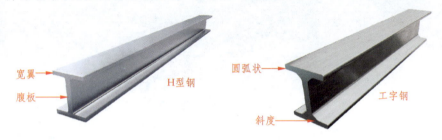

什么是槽钢,什么是角钢?

沟形和山形截面钢材分别叫作槽钢和角钢。

槽钢也叫作路形钢,其截面是"⊐"字形。槽钢的内翼缘有斜度,采用螺栓连接时,需要专用垫片。槽钢常作为斜撑、支架等辅助结构材料使用。

角钢的截面是山形,有等边形、不等边形、不等边不等厚形等多种类型,也叫作 L 型钢。

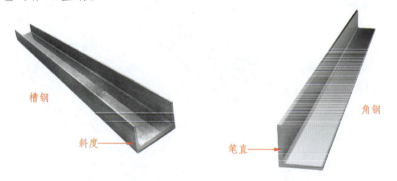

槽钢与凸缘槽钢有什么不同?

槽钢是挤压成型的钢材,厚度比较厚;而凸缘槽钢是由钢板卷制而成,厚度比较薄,属于轻型材料。凸缘槽钢的截面呈 C 形,也叫作 C 型钢。C 型钢可以作为支撑墙壁的龙骨,可以作为支撑屋面的檩条,把两个 C 型钢扣起来作为柱子使用,这种应用很广泛。凸缘形状,一是可以提高强度,二是没有尖刀般的边缘,可避免受到伤害。凸缘具有补强的作用。

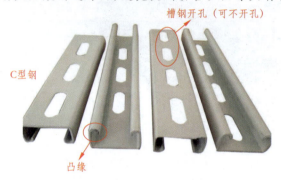

什么是开孔 H 型钢梁?

在 H 型钢的腹板上,等间距开六角形孔而成的梁,就是六角形开孔 H 型钢梁。六角形开孔 H 型钢梁与实腹 H 型钢梁比较,其重量略为减少,截面高度也就是梁的高度却增加不少。

也有在 H 型钢的腹板上等间距开圆孔而成的梁。采用圆孔 H 型钢构件,重量可以减轻,但强度也要下降一些,应该进行构件计算复核。采用六角形开孔 H 型钢构件,由于提高了构件的截面高度,对提高构件的强度很有利。

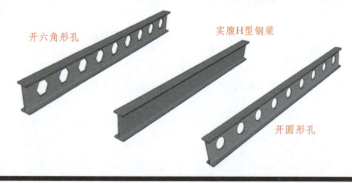

章节号	第三节	常用钢结构型材及表示方法		
审 核	第五元素	设 计	第五元素产品开发小组	页 8

名称	截面	标注	说明
工字钢		$I\!N$ $\quad$ $Q\,I\!N$	轻型工字钢加注 Q 字, N 为工字钢的型号 例:**I** 20a 表示截面高度为 200mm 的 a 类厚板工字钢
槽钢		$[N$ $\quad$ $Q[N$	轻型槽钢加注 Q 字, N 为槽钢的型号 例:**Q[** 20b 表示截面高度为 200mm 的 b 类轻型钢
扁钢		$-b\times t$	b 表示宽度, t 表示厚度 例:—100×4 表示宽度为 100mm,厚度为 4mm 的扁钢
钢板		$\dfrac{-b\times t}{l}$	b 表示宽度, t 表示厚度, l 表示板长,即 $\dfrac{宽\times 厚}{板长}$ 例: $\dfrac{-80\times 8}{1000}$ 表示宽度为 80mm,厚度为 8mm,长度为 1000mm 的钢板
方钢		$\square$	b 表示方钢边长 例:**□** 50 表示边长为 50mm 的方钢
等边角钢		$\llcorner\, b\times t$	b 为肢宽, t 为肢厚 例:**L** 100×6 表示肢宽为 100mm,肢厚为 6mm 的等边角钢
不等边角钢		$\llcorner\, B\times b\times t$	B 为长肢宽, b 为短肢宽, t 为肢厚 例:**L** 80×60×6 表示肢宽为 80mm 和 60mm,肢厚为 6mm 的不等边角钢

名称	截面	标注	说明
圆钢		ϕd	d 表示圆钢直径 例:$\phi 25$ 表示直径为 25mm 的圆钢
钢管		$\phi d \times t$	d 表示钢管的外径,t 为钢管的壁厚 例:$\phi 80 \times 3.0$ 表示外径为 80mm,壁厚为 3mm 的钢管
薄壁方钢管		$B \square b \times t$	薄壁型钢加注 B 字,t 为壁厚 例:$B \square 60 \times 2$ 表示边长为 60mm,壁厚为 2mm 的薄壁方钢管;
薄壁等肢角钢		$B \llcorner b \times t$	$B \llcorner 60 \times 2$ 表示边长为 60mm,壁厚为 2mm 的薄壁等肢角钢
薄壁等肢卷边角钢		$B \llcorner b \times a \times t$	薄壁型钢加注 B 字,t 为壁厚 例1:$B \llcorner 50 \times 20 \times 2$ 表示肢宽为 50mm,卷边宽度为 20mm,壁厚为 2mm 的薄壁等肢卷边角钢
薄壁槽钢		$B \llbracket h \times b \times t$	例2:$B \llbracket 50 \times 20 \times 2$ 表示截面高度为 50mm,宽度为 20mm,壁厚为 2mm 的薄壁槽钢
薄壁卷边槽钢		$B \llbracket h \times b \times a \times t$	例3:$B \llbracket 120 \times 60 \times 20 \times 2$ 表示截面高度为 120mm,宽度为 60mm,卷边宽度为 20mm,壁厚为 2mm 的薄壁卷边槽钢
薄壁卷边 Z 型钢		$B h \times b \times a \times t$	例4:$B 120 \times 60 \times 20 \times 2$ 表示截面高度为 120mm,宽度为 60mm,卷边宽度为 20mm,壁厚为 2mm 的薄壁卷边 Z 型钢

名 称	截 面	标 注	说 明
T 型钢		TW $h \times b$ TM $h \times b$ TN $h \times b$	TW 为宽翼缘 T 型钢； TM 为中翼缘 T 型钢； TN 为窄翼缘 T 型钢。 例 1：TW200×400 表示截面高度为 200mm,宽度为 400mm 的宽翼缘热轧 T 型钢
热轧 H 型钢		HW $h \times b$ HM $h \times b$ HN $h \times b$	例 2：HM400×300 表示截面高度为 400mm,宽度为 300mm 的中翼缘热轧 H 型钢
焊接 H 型钢		$h \times b \times t_1 \times t_2$	h 表示截面高度,b 表示宽度,t_1 表示腹板厚度,t_2 表示翼板厚度 例:①H350×180×6×8 表示截面高度为 350mm,宽度为 180mm,腹板厚度为 6mm,翼板厚度为 8mm 的等截面焊接 H 型钢。②H(350~500)×180×6×8 表示截面高度随长度方向由 350mm 变到 500mm,宽度为 180mm,腹板厚度为 6mm,翼板厚度为 8mm 的变截面焊接 H 型钢。
起重机钢轨		$QU\times\times$	××为起重机轨道型号
轻轨及钢轨		××kg/m 钢轨	

三、焊接钢构件尺寸表示方法

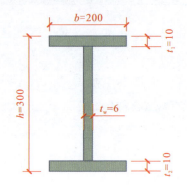

H 型钢：$h \times b \times t_w \times t_1(t_2)$

H300×200×6×10

表示：截面高度300，截面（翼缘板）宽度200，腹板厚度6，翼缘板厚度10。

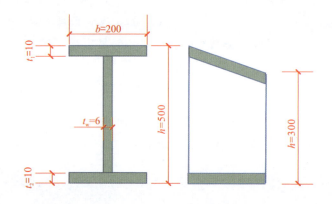

H 型钢楔形截面：H$(h_1 \sim h_2) \times b \times t_w \times t_1(t_2)$

H（500～300）×200×6×10

表示：小头截面高度300，大头截面高度500，截面（翼缘板）宽度200，腹板厚度6，翼缘板厚度10。

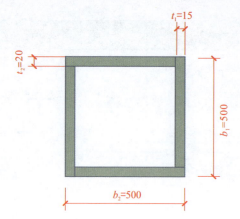

箱型：$b_1 \times b_2 \times t_1 \times t_2$

B500×500×15×20

表示：截面高度500，截面宽度500，腹板（高度方向）厚度15，翼缘板（宽度方向）厚度20。

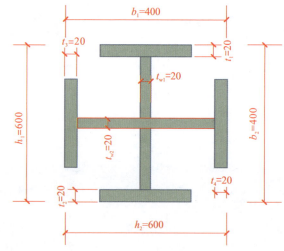

十字型：H＋H

H600×400×20×20＋H600×400×20×20

表示：由2个 H 型钢组合，单个 H 型钢截面高600，翼缘宽400，腹板厚20，翼缘厚20。

章节号	第三节	常用钢结构型材及表示方法		
审 核	第五元素	设 计	第五元素产品开发小组	页 12

四、实腹式组合钢构件

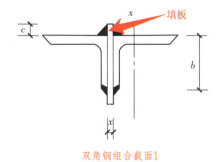

双角钢组合截面1

双角钢组合截面2

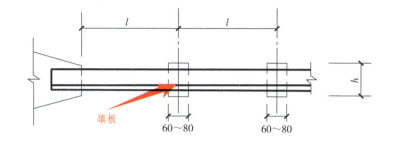

填板连接

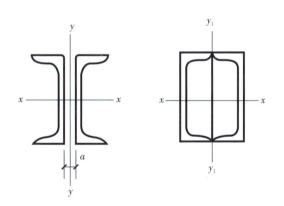

两个槽钢组合截面

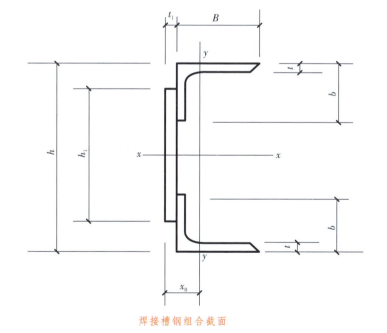

焊接槽钢组合截面

章节号	第三节	常用钢结构型材及表示方法		
审　核	第五元素	设　计	第五元素产品开发小组	页

13

五、格构式组合钢构件

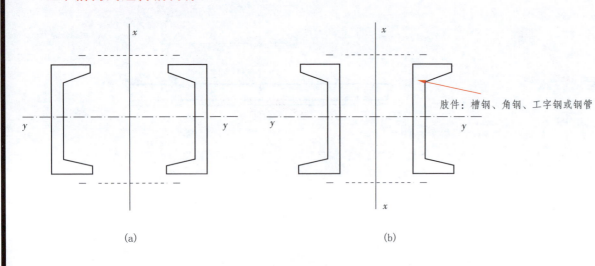

肢件：槽钢、角钢、工字钢或钢管

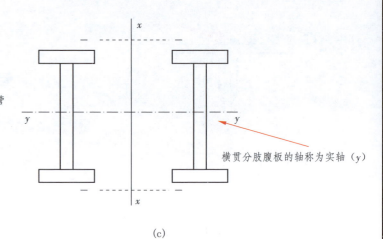

横贯分肢腹板的轴称为实轴（y）

(a)　　　　　　　　　(b)　　　　　　　　　(c)

缀件：为缀条时称缀条构件；
　　　为缀板时称缀板构件（柱）

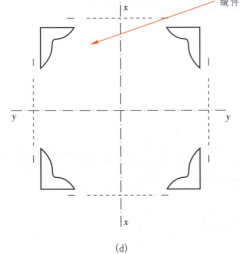

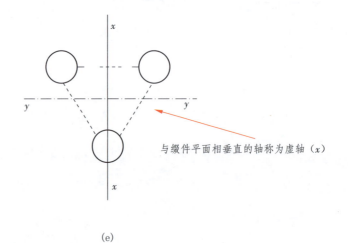

与缀件平面相垂直的轴称为虚轴（x）

(d)　　　　　　　　　(e)

章节号	第三节	常用钢结构型材及表示方法		
审　核	第五元素	设　计	第五元素产品开发小组	页　14

一、常用焊缝符号的表示方法

焊缝符号一般由指引线、基本焊缝符号、补充符号、焊脚尺寸和辅助符号等组成。

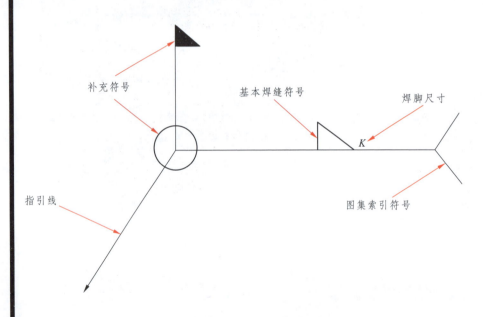

焊缝符号组成示意图

补充符号

基本焊缝符号

焊脚尺寸

指引线

图集索引符号

1. 指引线

指引线一般由带箭头的指引线和两条基准线(一虚一实)两部分组成(如下图),箭头指到图形上的相应焊缝处,横线的上面和下面用来标注焊缝的图形符号和焊缝尺寸。为了方便,必要时也可在焊缝符号中增加用以说明焊缝尺寸和焊接工艺要求的内容。

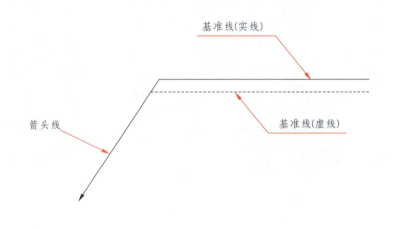

基准线(实线)

基准线(虚线)

箭头线

焊缝符号指引线

章节号	第四节	钢结构焊缝标注方法		
审　核	第五元素	设　计	第五元素产品开发小组	页	16

2.基本焊缝符号图解

基本焊缝符号是表示焊缝截面形状的符号，一般采用近似焊缝横截面的符号来表示。

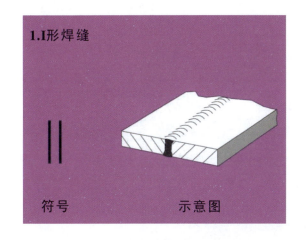

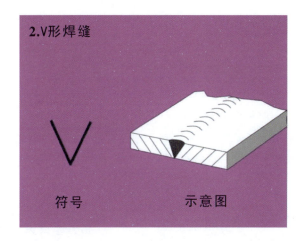

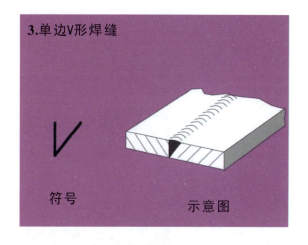

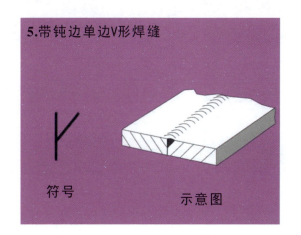

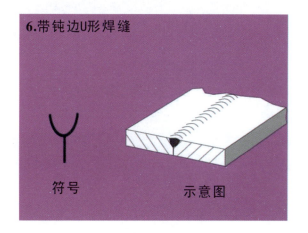

章节号	第四节			钢结构焊缝标注方法	
审 核	第五元素	设 计	第五元素产品开发小组	页	17

7.带边J形焊缝

符号   示意图

8.角焊缝

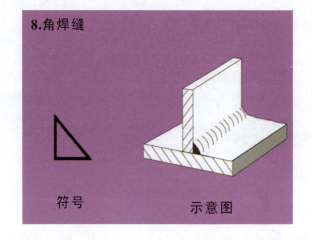

符号   示意图

9.封底焊缝

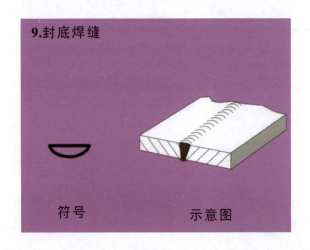

符号   示意图

10.塞焊缝或槽焊缝

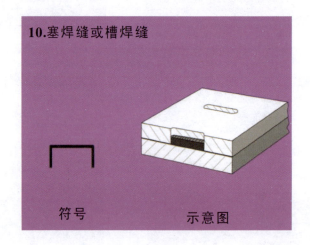

符号   示意图

章节号	第四节		**钢结构焊缝标注方法**		
审 核	第五元素	设 计	第五元素产品开发小组	页	18

焊缝补充符号

序号	名称	符号	说明
1	表面	—	焊缝表面通常经过加工后平整
2	凹面		焊缝表面凹陷
3	凸面		焊缝表面凸起
4	圆滑过渡		焊趾表面凸起
5	永久衬垫	M	衬垫永久保留
6	临时衬垫	MR	衬垫在焊接完成后拆除
7	三面焊缝		三面带有焊缝
8	周围焊缝	○	沿着工件周边施焊的焊缝 标注位置为基准线与箭头线的交点处
9	现场焊缝		在现场焊接的焊缝
10	尾部	<	可以表示所需的信息

焊缝尺寸符号

符号	名称	示意图	符号	名称	示意图
δ	工作厚度		d	点焊:熔核直径 塞焊:孔径	
b	根部间隙		n	焊缝段数	$n=2$
p	钝边		e	焊缝间距	
c	焊缝宽度		K	焊脚尺寸	
S	焊缝有效厚度		l	焊缝长度	
N	相同焊缝数量	$N=3$	H	坡口深度	
R	根部半径		h	余高	
α	坡口角度		β	坡口面角度	

章节号	第四节	钢结构焊缝标注方法			
审 核	第五元素	设 计	第五元素产品开发小组	页	19

二、焊缝在图纸上的标注规则

(1)单面焊缝的标注

当箭头指向焊缝所在的一面时,应将图形符号和尺寸标注在横线的上方,如图(a)所示;

当箭头指向焊缝所在另一面(相对应的那面)时,应将图形符号和尺寸标注在横线的下方,如图(b)所示。

表示环绕工作件周围的焊缝时,其围焊焊缝符号为圆圈,绘在引出线的转折处,并标注焊脚尺寸 K,如图(c)所示。

(2)双面焊缝的标注

在横线的上、下都标注符号和尺寸。上方表示箭头一面的符号和尺寸,下方表示另一面的符号和尺寸,如图(a)所示;

当两面的焊缝尺寸相同时,只需在横线上方标注焊缝的符号和尺寸,如图(b)、(c)、(d)所示。

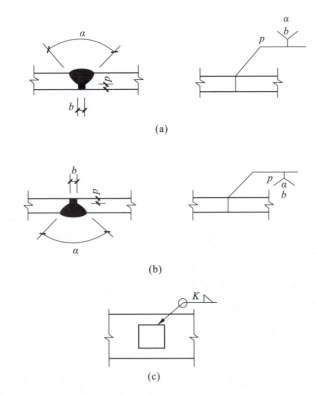

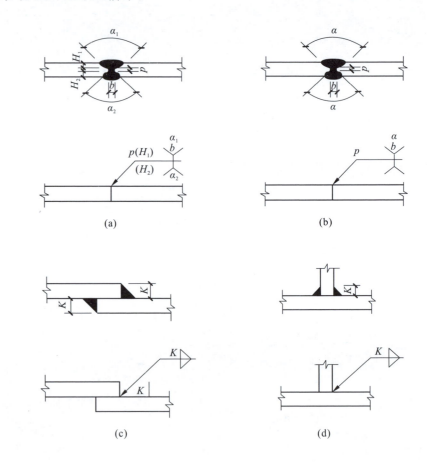

章节号	第四节		钢结构焊缝标注方法		
审 核	第五元素	设 计	第五元素产品开发小组	页	20

(3)3个和3个以上的焊件相互焊接的焊缝,不得作为双面焊缝标注。其焊缝符号和尺寸应分别标注,如下图所示。

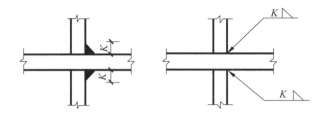

(4)相互焊接的2个焊件中,当只有1个焊件带坡口时(如单面V形),引出线箭头必须指向带坡口的焊件,如下图所示。

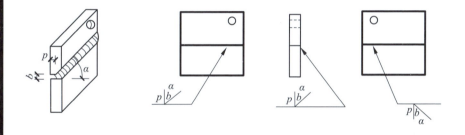

(5)相互焊接的2个焊件,当为单面带双边不对称坡口焊接时,引出线箭头必须指向较大坡口的焊件,如下图所示。

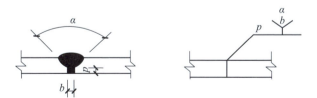

(6)焊缝分布不规则时,在标注焊缝符号的同时,宜在焊缝处加中实线表示可见焊缝,或加细栅线表示不可见焊缝,如下图所示。

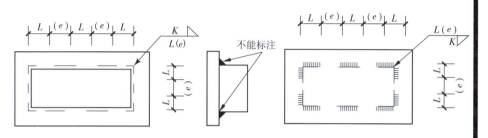

不规则焊缝的标注方法

(7)相同焊缝符号应按下列方法表示:

①在同一图形上,当焊缝型式、断面尺寸和辅助要求均相同时,可只选择一处标注焊缝的符号和尺寸,并加注"相同焊缝符号",相同焊缝符号为3/4圆弧,绘在引出线的转折处,如图(a)所示。

②在同一图形上,当有数种相同的焊缝时,可将焊缝分类编号标注。在同一类焊缝中可选一处标注焊缝符号和尺寸。分类编号采用大写字母A、B、C…,如图(b)所示。

(a)   (b)

相同焊缝的标注方法

(8)需要在施工现场进行焊接的焊件焊缝,应标注"现场焊缝"符号。现场焊缝符号为涂黑的三角形旗号,绘制在引出线转折处,如下图所示。

现场焊缝的标注方法

(9)图样中较长的角焊缝(如焊接实腹钢梁的翼缘焊缝)可不用引出线标注,而直接在角焊缝旁标注焊缝尺寸值K,如下图所示。

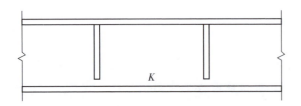

较长焊缝的标注方法

(10)熔透角焊缝的符号如下图所示,熔透角焊缝的符号为涂黑的圆圈,绘制在引出线的转折处。

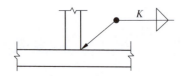

熔透角焊缝的标注方法

(11)局部焊缝应按下图所示的方式标注。

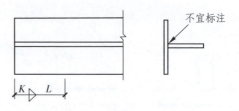

局部焊缝的标注方法

三、钢结构图纸常用焊缝标注方法

焊缝名称	示意图	图例	说明
I 型焊缝	b	b	b 为焊件间隙(施工图中可不标注)
单边 V 形坡口焊缝	$\beta\,(35°\sim40°)$ $b(0\sim4)$	b β	β 在施工图中可不标注
带钝边的单边 V 形坡口焊缝	$p(1\sim3)$ $\beta\,(35°\sim40°)$ $b(0\sim4)$	p b β	p 在施工图中可不标注
带垫板 V 形坡口焊缝	β β $b(6\sim15)$ 10 10	b 2β	焊件较厚时
T 形接头单面焊缝	K	K K	K 表示角焊缝高度

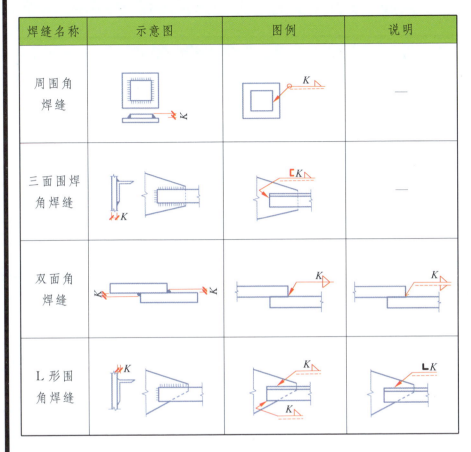

焊缝名称	示意图	图例	说明
周围角焊缝			—
三面围焊角焊缝			—
双面角焊缝			
L形围角焊缝			

四、焊缝实例识读

焊缝样例1

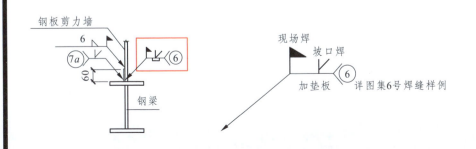

焊缝样例2

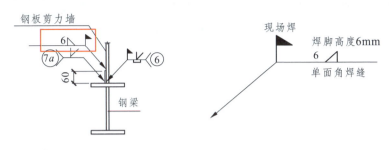

焊缝样例3

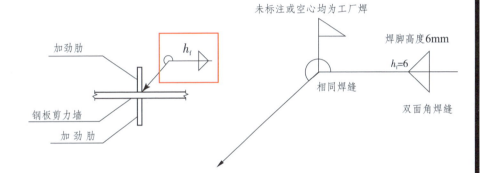

焊缝样例4

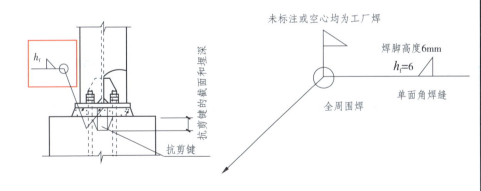

章节号	第四节		钢结构焊缝标注方法		
审 核	第五元素	设 计	第五元素产品开发小组	页	23

螺栓、孔、电焊铆钉的表示方法

名称	图例	说明
永久螺栓		1. 细"十"线表示定位线;
高强螺栓		2. M表示螺栓型号;
安装螺栓		3. ϕ 表示螺栓孔直径;
胀锚螺栓		4. d 表示膨胀螺栓、电焊铆钉直径;
圆形螺栓孔		5. 采用引出线标注螺栓时,横线上标注螺栓规格,横线下标注螺栓孔直径
长圆形螺栓孔		
电焊铆钉		

章节号	第四节	钢结构焊缝标注方法		
审 核	第五元素	设 计	第五元素产品开发小组	页 24

第五节　型钢的重量计算公式(kg/m)

工字钢重量计算

公式:$W=0.00785\times[hd+2t(b-d)+0.615(R^2-r^2)]\times L$,其中:$h$ 为高,d 为腰厚,b 为腿长,R 为内弧半径,r 为端弧半径,t 为平均腿厚,L 为钢的长度。工字钢的米重可以通过理论计算,但是要查很多数据,可以直接采用《工字钢理论重量表》。

等边角钢重量计算

公式:$W=0.00785\times[d(2b-d)+0.215\times(R^2-2r^2)]$,其中:$b$ 为边宽,d 为边厚,R 为内弧半径,r 为端弧半径,例:求 20mm×4mm 等边角钢的每米质量。

从冶金产品目录中查出 20mm×4mm 等边角钢的 R 为 3.5mm,r 为 1.2mm,则每米质量$=0.00785\times[4\times(2\times20-4)+0.215\times(3.5^2-2\times1.2^2)]=1.15$kg。

槽钢重量计算

公式:$W=0.00785\times[hd+2t(b-d)+0.349\times(R^2-r^2)]$,其中:$h$ 为高,b 为腿长,d 为腰厚,t 为平均腿厚,R 为内弧半径,r 为端弧半径,例:求 80mm×43mm×5mm 的槽钢的每米质量。从冶金产品目录中查出该槽钢 t 为 8mm,R 为 8mm,r 为 4mm,则每米重量$=0.00785\times[80\times5+2\times8\times(43-5)+0.349\times(8^2-4^2)]=8.04$kg。

不等边角钢重量计算

公式:$W=0.00785\times[d(B+b-d)+0.215\times(R^2-r^2)]$,其中:$B$ 为长边宽,b 为短边宽,d 为边厚,R 为内弧半径,r 为端弧半径,例:求 30mm×20mm×4mm 不等边角钢的每米质量。从冶金产品目录中查出 30mm×20mm×4mm 不等边角钢的 R 为 3.5mm,r 为 1.2mm,则每米质量$=0.00785\times[4\times(30+20-4)+0.215\times(3.5^2-2\times1.2^2)]=1.46$kg。

章节号	第五节		型钢的重量计算公式(kg/m)		
审 核	第五元素	设 计	第五元素产品开发小组	页	25

钢板重量计算

公式:$W = 7.85 \times$ 长度(m) $\times$ 宽度(m) $\times$ 厚度(m)

例:钢板 6m(长度)$\times$1.51m(宽度)$\times$9.75mm(厚度)

计算:$7.85 \times 6 \times 1.51 \times 9.75 = 693.43$kg

钢管重量计算

公式:$W = [$外径(mm)$-$壁厚(mm)$] \times$ 厚度(mm)$\times 0.02466 \times$ 长度(m)

例:钢管 114mm(外径)$\times$4mm(厚度)$\times$6m(长度)

计算:$(114-4) \times 4 \times 0.02466 \times 6 = 65.102$kg

扁通重量计算

公式:$W = [$边长(mm)$+$边宽(mm)$] \times 2 \times$ 厚度(mm)$\times 0.00785 \times$ 长度(m)

例:扁通 100mm(边长)$\times$50mm(边宽)$\times$5mm(厚度)$\times$6m(长度)

计算:$(100+50) \times 2 \times 5 \times 0.00785 \times 6 = 70.65$kg

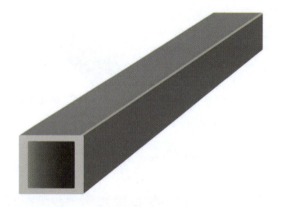

方通重量计算

公式:$W = $ 边宽(mm)$\times 4 \times$ 厚度(mm)$\times 0.00785 \times$ 长度(m)

例:方通 50mm(边宽)$\times$5mm(厚度)$\times$6m(长度)

计算:$50 \times 4 \times 5 \times 0.00785 \times 6 = 47.1$kg

章节号	第五节	**型钢的重量计算公式(kg/m)**		
审 核	第五元素	设 计	第五元素产品开发小组	页 26

第二章　钢结构工程施工图识读

第一节　钢结构常用代号大全

钢框架结构

GKZ	钢框柱
GZ	钢柱
GKL	钢框梁
GL	钢梁
DBL	洞边梁
GC	钢支撑
DZ	短柱
TL	梯梁
TZ	梯柱
JJ	加劲条板
M	锚栓/螺栓
MJ	埋件
YM	预埋件
YXB/BD	压型钢板
HB	钢筋桁架板

钢框架-支撑结构

FB	复合板
QZ	墙柱
TG	套管
WB	屋面板
QB	墙面板
TB	楼梯板
PT	爬梯
TG	天沟
ZH	桩
CT	承台
WKL	屋面框架梁
L	次梁
JL	基础梁
TJ	托架
YP	雨篷

门式刚架

GJ	刚架
ZC	柱间支撑
SC	水平支撑
XG	系杆
GXG	刚性系杆
L(LT)	檩条
WL	屋脊檩条
QL	墙梁/墙檩
CG	撑杆
LT	拉条
XLT	斜拉条
YC	隅撑
SQZ	山墙柱
KFZ	抗风柱
GDL/DCL	吊车梁
GCD	吊车车档
YGL	雨篷钢梁

网架/桁架

SXG	上弦杆
XXG	下弦杆
SXC	上弦支撑
XXC	下弦支撑
FG	腹杆
BS	网架螺栓球
WS	网架焊接球
WSR	网架加肋焊接球
ZZ	支座

章节号	第一节	钢结构常用代号大全		
审　核	第五元素	设　计	第五元素产品开发小组	页

第二节　施工图常用符号

施工图中的符号,是制作、加工和安装的重要依据,是初学图纸必须熟悉并掌握的基本内容。施工图中常用到的符号主要有:定位轴线、标高符号、索引和详图符号、剖切符号、对称符号、连接符号、指北针和风玫瑰图等。

一、定位轴线

在建筑平面图中,通常采用网格划分平面,使房屋的平面构件和配件趋于统一,这些轴线称为定位轴线。它是确定房屋主要承重构件(墙、柱、梁)及标注尺寸的基线,是设计和施工定位放线时的重要依据。

定位轴线是采用细点画线绘制的,为了区分轴线还要对这些轴线编上编号,轴线编号一般标注在轴线一端的细实线的圆圈内,圆圈的直径为8～10mm,定位轴线圆的圆心应在定位轴线的延长线或延长线的折线上,如下图所示。

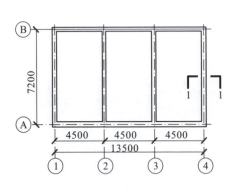

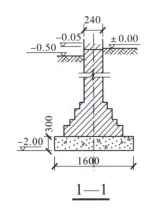

平面图上的定位轴线的编号,宜标在图纸的下方或左侧。横向编号应用阿拉伯数字,按从左往右顺序编号,依次连续编为①、②、③……;竖向编号应用大写拉丁字母,按从下往上顺序编号,依次连续编为 A、B、C……,并除去 I、O、Z 三个字母。

遇到以下几种情况时定位轴线的标注方法:

(1)如果出现字母数量不够使用时,可采用双字母或单字母加数字进行标注,如 AA、BA、CA…YA 或 A1、B1、C1…Y1。

(2)通常承重墙及外墙等编为主轴线,如果图纸上存在有与主要承重构件(墙、柱、梁等)相联系的次要构件(非承重墙、隔墙等),它们的定位轴线一般编为附加轴线(也称分轴线),如下图所示。

① 两根轴线之间的附加轴线,应以分母表示前一根轴线的编号,分子表示附加轴线的编号,该编号宜用阿拉伯数字顺序编写。

②1号轴线或 A 号轴线之前的附加轴线分母应以 01、0A 表示。

二、标高符号

建筑物的某一部位与确定的水准基点的距离,称为该位置的标高,可分为绝对标高和相对标高两种。绝对标高是以我国青岛附近黄海的平均海平面为零点,全国各地的标高均以此为基准;相对标高是以建筑物室内底层主要地坪为零点,以此为基准的标高。零点标高用±0.000表示,比零点高的为"＋",也可不注"＋";比零点低的为"－"。在实际设计中为了方便,习惯上常用相对标高的标注方法。

标高的符号用细实线绘制的等腰三角形来表示,高度约为 3mm,标高数值以"m"为单位,准确到小数点后三位(总平面图为两位),如图(a)所示。当同一位置出现多个标高时,标注方法如图(b)所示。总平面图上的室外标高符号采用全部涂黑的等腰三角形,如图(c)所示。

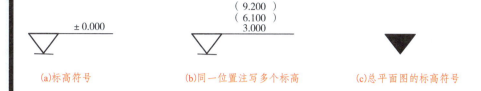

(a)标高符号　　　　　(b)同一位置注写多个标高　　　　　(c)总平面图的标高符号

三、索引和详图符号

施工图中经常会出现图中的某一局部或某一构件在图中由于比例太小无法表示清楚,此时就需要通过较大比例的详图来表达,为了方便看图和查找,就需要用到索引和详图符号。索引符号是由用细实线绘制的直径为 8～10mm 的圆和水平直径组成的,各部分具体所表示的含义如下图所示。

索引出的详图要注明详图符号,它要与索引符号相对应。详图符号是用粗实线绘制的直径为 14mm 的圆,详图与被索引的图纸在和不在同一张图纸上时,详图表示方法如下图所示。

四、剖切符号

剖切是通过剖切位置、编号、剖视方向和断面图例来表示的。剖切后的剖面图内容与剖切平面的剖切位置和投影的方向有关。因此,在图中必须用剖切符号指明剖切位置和投影的方向,为了便于将不同的剖面图区分开,还要对每个剖切符号进行编号,并在剖面图的下方标注与剖切位置相对应的名称。

(1)剖切位置在图中是用剖切位置线来表示的,剖切位置线是长度为 6～10mm 的两段断开的粗实线。

(2)剖面的名称要与剖切符号的编号相对应,并写在剖面图的正下方,符号下面加上一粗实线。

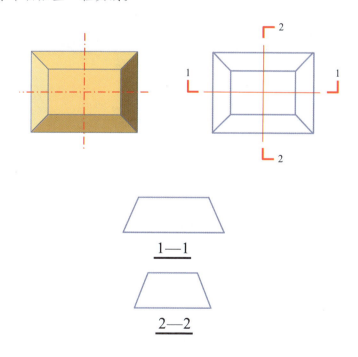

章节号	第二节	施工图常用符号		
审　核	第五元素	设　计	第五元素产品开发小组	页 31

五、节点图

节点图一般由前视图、左视图、俯视图配合查看,每个图上有一部分节点的构造信息,组合到一起即为节点具体尺寸构造。

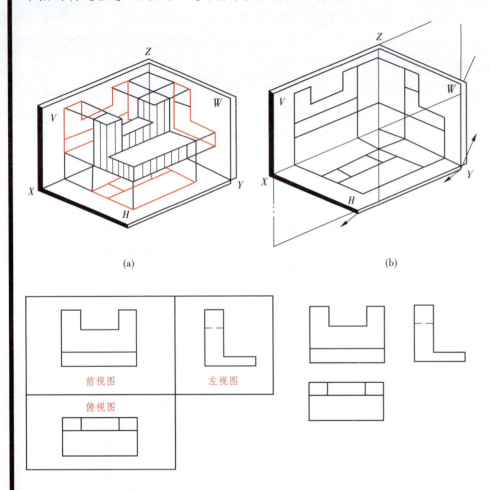

(a)

(b)

前视图

左视图

俯视图

六、对称符号

对称线和两端的两对平行线组成了对称符号,它主要是为了简化结构对称的图形画图的烦琐。对称符号是用细点画线画出对称线,然后用细实线画出对称符号,平行线用细实线绘制,其长度为 6~10mm,每组的间距为 2~3mm,对称线垂直平分于两对平行线,两端超出平行线宜为 2~3mm,如右图所示。

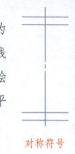

对称符号

七、连接符号

连接符号是以折断线表示需连接的部位的,是在绘图位置不够的情况下,分成几部分绘制,然后通过连接符号将这几部分连接起来。折断线两端靠图纸一侧应标注大写拉丁字母表示连接编号,两个被连接的图纸必须用相同的字母编号,如下图所示。

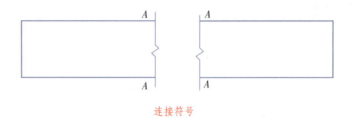

连接符号

八、引出线

建筑物的某些部位有时需用详图或必要的文字进行详加说明,就需要用到引出线。引出线可以是用细实线绘制的水平直线,也可以是与水平方向成 30°、45°、60°、90° 角的直线或是经上述角度再折为水平的折线。文字说明标注在引出线横线的上方或标注在水平线的端部,如图(a)、(b)所示。索引详图的引出线应与圆的水平直径连接起来,并对准索引符号的圆心,如图(c)所示。

章节号	第二节	施工图常用符号		
审　核	第五元素	设　计	第五元素产品开发小组	页　32

如果同时引出多个相同部分的引出线,这些引出线应互相平行,如图(d)所示,也可画成集中一点的放射线,如图(e)所示。

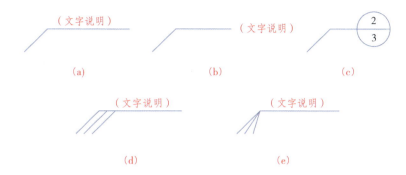

（a）　　　　　　（b）　　　　　　（c）

（d）　　　　　　（e）

用于多层构造的引出线应通过被引出的各层。文字说明应注写在横线的上方或水平的端部,按由上到下的顺序注写,注写内容应与被说明的层次相一致。如层次为横向排序,则由上至下的说明顺序应与从左至右的层次一致,如下图所示。

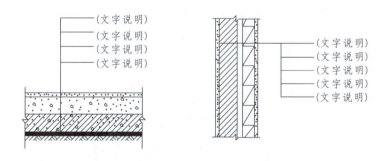

多层构造的引出线

九、指北针和风玫瑰图

指北针是用来表示建筑物的方向的。按国家标准规定,指北针是用细实线绘制的圆,直径为24mm,指针的尾部宽度为3mm,指针头部应注明"北"或"N"字,如图(a)所示。当需用较大直径绘制指北针时,指针的尾部宽度宜为圆的直径的1/8。

风向频率玫瑰图简称风玫瑰图,是用来表示该地区常年风向频率的标志,标注在总平面图上。风向频率玫瑰图在8个或16个方位线上用端点与中心的距离,代表当地这一风向在一年中发生次数的多少,粗实线表示全年风向。细虚线范围表示夏季风向。风向由各方位吹向中心,风向线最长的为主导风向,如图(b)所示。

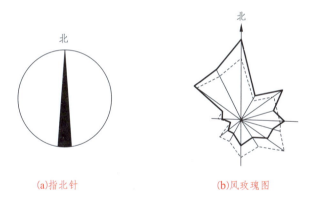

(a)指北针　　　　　　(b)风玫瑰图

第三节　建筑施工图的识读

一、总平面图的识读

总平面图是将拟建工程附近一定范围内的建筑物、构筑物及其自然状况,用水平投影方法和相应的图例画出的图样。它主要表示新建房屋的位置、标高、朝向、与原有建筑物的关系、周边道路布置、绿化布置及地形地貌等内容,是新建房屋施工定位、土方施工、设备专业管线以及施工现场(现场的材料和构件、配件堆放场地、构件预制的场地以及运输道路)总平面布置的依据,要注意其与相邻建筑物、用地红线、道路红线及高压线等的间距是否符合要求。

(一)总平面图的主要内容

(1)拟建建筑的定位:可利用施工坐标定位、大地测量坐标定位以及新建建筑与原有建筑、道路中心线之间的距离定位。

(2)建筑红线:各地方国土管理局提供给建设单位的地形图,在蓝图上用红色笔划定的土地使用范围的线称为建筑红线。

(3)比例与图例:总平面图一般采用 1:500、1:1000 或 1:2000 的比例绘制。

(4)等高线和标高:在总平面图上通常画有多条类似手绘的波浪线,每条线代表一等高面,称为等高线。

(5)风向频率玫瑰图:根据当地若干年来平均风向的统计值,按一定比例绘制。

(二)总平面图的识读步骤

(1)熟悉图例、比例和有关的文字说明,阅读标题栏和图名、比例,通过阅读标题栏可以了解工程名称、性质、类型等,这是阅读建筑总平面图应具备的基本知识。

(2)了解新建建筑物首层地坪、室外设计地坪的标高和周围地形、等高线等。

(3)了解新建建筑物的位置、层数、朝向以及当地常年主导风向和风速等。

(4)了解原有建筑物、构筑物和计划扩建的项目,如道路、绿化等。

(5)道路与绿化时主体的配套工程。从道路可了解建成后的人流方向和交通情况,从绿化可以看出建成后的环境绿化情况。

章节号	第三节		建筑施工图的识读		
审　核	第五元素	设　计	第五元素产品开发小组	页	34

二、建筑平面图的识读

用两个假想的水平剖切平面沿着门、窗洞口且略高于窗台的部位剖切房屋，移去上面部分，将剩余部分向水平面做正投影而得到的水平投影图，称为建筑平面图，简称平面图。在多层和高层建筑中一般有底层平面图、标准层平面图、顶层平面图和屋顶平面图。另外，有的建筑还有地下层平面图，并在图形的下方注出相应的图名、比例等。

（一）建筑平面图的图示内容

（1）表示建筑物某一平面形状、房间的位置、形状、大小、用途及相互关系。

（2）表示建筑物的墙、柱的位置并对其轴线编号。

（3）表示建筑物的门、窗位置及编号。

（4）表示室内设施（如卫生器具、水池等）的形状、位置。

（5）表示楼梯的位置及楼梯上下行方向及级数、楼梯平台标高。

（6）底层平面图应注明剖面图的剖切位置和投影方向及编号，确定建筑朝向的指北针以及散水、入口台阶、花坛等。

（7）标明主要楼、地面及其他主要台面的标高。

（8）屋顶平面图则主要表明屋面形状、屋面坡度、排水方式、雨水口位置、挑檐、女儿墙、烟囱、上人孔及电梯间等构造和设施。

（9）标注各墙厚度和墙段、门、窗、房间的进深、开间等尺寸。

（10）标注图名和绘图比例以及详图索引符号和必要的文字说明。

（二）建筑平面图的识读步骤

（1）底层平面图的识读

①了解图名、比例。

②了解定位轴线及编号、内外墙的位置和平面布置。

③了解门窗的位置、编号及数量。

④了解该房屋的平面尺寸和各地面的标高。

⑤了解剖面图的剖切位置、投射方向等。

（2）标准层平面图的识读

①了解图名、比例。

②了解定位轴线、内外墙的位置和平面布置。

③与底层平面图相比，其他层平面图要简单一些。已在底层平面图中表示清楚的构配件，就不在其他图中重复绘制。

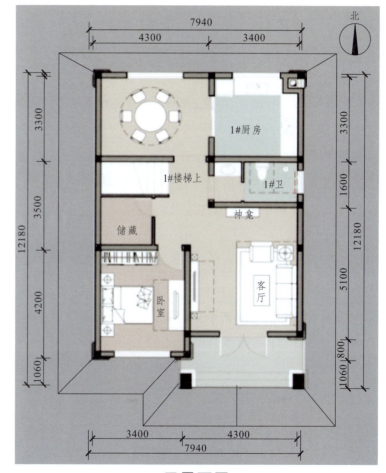

一层平面图 1：100

章节号	第三节		建筑施工图的识读	
审 核	第五元素	设 计	第五元素产品开发小组	页 35

三、建筑立面图的识读

用正投影法将建筑物的墙面向与该墙面平行的投影面投影所得到的投影图称为建筑立面图,简称立面图。

(一)建筑立面图的图示内容

(1)室外地坪线及房屋的勒脚、台阶、花池、门窗、雨篷、阳台、檐口、女儿墙、墙外分格线、雨水管、屋顶上可见的排烟口、水箱间等。

(2)尺寸标注。立面图上一般只需标注房屋外墙各主要结构的相对标高和必要的尺寸,如室外地坪、台阶、窗台、门窗洞口顶端、阳台、雨篷、檐口、女儿墙顶、屋顶等的标高。

(3)标注房屋总高度与各关键部位的高度,一般用相对标高表示。

(4)外墙面装修。节点详图索引及必要的文字说明。

(二)建筑立面图的识读步骤

(1)了解图名、比例。

(2)了解房屋的体型和外貌特征。

(3)了解门窗的形式、位置及数量。

(4)了解房屋各部分的高度尺寸及标高。

(5)了解房屋外墙面的装饰等。

①~⑱立面图 1:100

章节号	第三节	建筑施工图的识读		
审 核	第五元素	设 计	第五元素产品开发小组	页 36

四、建筑剖面图的识读

剖面图是指房屋的垂直剖面图。假想用一个或几个剖切平面在建筑平面图横向或纵向沿建筑的主要入口、窗洞口、楼梯等需要剖切的部位将建筑垂直地剖开，移去靠近观察者的部分，对剩余部分所作的正投影图，称为建筑剖面图，简称剖面图。

(一)建筑剖面图的图示内容

(1)被剖到的墙或柱的定位轴线及轴线编号。

(2)剖切到的屋面、墙体、楼面、梁等轮廓及材料做法。

(3)建筑物内部的分层情况及层高、水平方向的分隔。

(4)投影可见部分的形状、位置等。

(5)屋顶的形式及排水坡度。

(6)详图索引符号,标高及必须标注的局部尺寸。

(7)必要的文字说明。

(二)建筑剖面图的识读步骤

(1)了解图名、比例。

(2)了解剖面图位置、投影方向。

(3)了解房屋的结构形式。

(4)了解其他未剖切到的可见部分。

(5)了解地面、楼面、屋面的构造。

(6)了解楼梯的形式和构造。

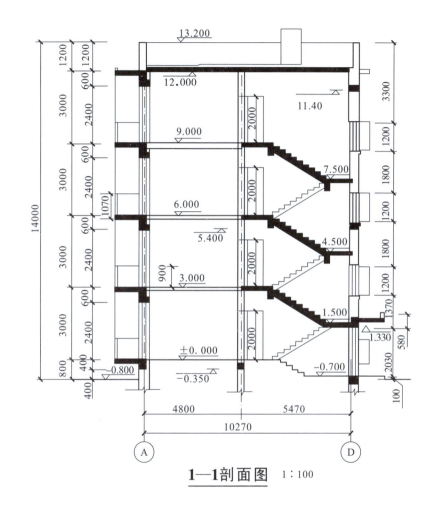

1—1剖面图 1∶100

章节号	第三节		建筑施工图的识读		
审　核	第五元素	设　计	第五元素产品开发小组	页	37

五、建筑详图的识读

建筑平、立、剖面图是建筑施工图的基本图样,都是用较小的比例绘制的,主要表达建筑全局性的内容,对建筑物的细部构造及构配件的形状、构造关系等无法表达清楚。因此,为了满足施工要求,对建筑的细部构造及配件的形状、材料、尺寸等用较大的比例详细地表达出来的图样称为建筑详图或大样图。

(一)建筑详图的类型

(1)局部构造详图如楼梯详图、墙身详图、厨房、卫生间等。

(2)构件详图,如门窗详图、阳台详图等。

(3)装饰构造详图,如墙裙构造详图、门窗套装饰构造详图等。

(二)建筑详图的图示内容与图示方法

(1)详图的比例。详图的比例宜用1:1、1:2、1:5、1:10、1:20及1:50几种。必要时也可选用1:3、1:4、1:25、1:30等。

(2)详图符号与详图索引符号。为了便于识读图,常采用详图符号和索引符号。建筑详图必须加注图名(或详图符号),详图符号应与被索引的图样上的索引符号相对应,在详图符号的右下侧注写比例。

(3)建筑标高与结构标高。建筑标高是指在建筑施工图中标注的标高,它已将构造的粉饰层的层厚包括在内。结构标高是指在结构施工图中的标高,它标注结构构件未装修前的上表面或下表面的高度。

第四节　结构施工图的识读

一、结构施工图的内容

结构施工图主要表示建筑物的承重构件(梁、板、柱、墙体、屋架、支撑、基础等)的布置、形状、尺寸大小、数量、材料、构造及其相互关系。结构施工图是建筑结构施工的主要依据。

结构施工图的组成一般包括结构图纸目录、结构设计总说明、基础施工图、结构平面布置图、梁板配筋图和结构详图等。

(一)结构图纸目录

可以让我们了解图纸的排列、总张数和每张图纸的内容,校对图纸的完整性,查找我们所需要的图纸。

(二)结构设计总说明

包括:抗震设计与防火要求,地基与基础,地下室,钢筋混凝土各结构构件,砖砌体,后浇带与施工缝等部分选用的材料类型、规格、强度等级,施工注意事项等。

(三)结构平面布置图

包括以下几类:

(1)基础平面图。工业建筑还有设备基础布置图。

(2)楼层结构平面布置图。工业建筑还包括柱网、吊车梁、柱间支撑等。

(3)屋面结构平面图。包括屋面板、天沟板、屋架、天窗架及支撑系统布置等。

(四)结构详图

包括以下几类:

(1)梁、板、柱及基础构件详图;

(2)楼梯结构详图;

(3)屋架结构详图;

(4)其他结构详图。

二、结构施工图的作用

结构施工图主要作为施工放线、开挖基槽、立模板、绑钢筋、设置预埋件、浇捣混凝土,柱、梁、板等承重构件的制作安装和现场施工的依据,也是编制换算与施工组织计划等的依据。

三、基础结构图识读

基础图是表示建筑物相对标高±0.000以下基础的平面布置、类型和详细构造的图样。建筑物基础平面图是假想用一个水平剖切面沿室内地面以下的位置将房屋全部剖开,移去上部的房屋结构及其周围的泥土,向下所做出的水平正投影图。它是施工放线、开挖基槽或基坑、砌筑基础的依据。一般包括基础平面图、基础详图和说明三部分。尽量将这三部分图样编排在同一张图纸上,以便于看图。

基础平面图主要表示基础墙、柱、预留洞及构件布置等平面位置关系,包括以下内容:

(1)图名、比例。基础平面图的比例应与对应建筑平面图一致,常用比例为1：100、1：200。

(2)定位轴线及编号、轴线尺寸应与对应建筑平面图一致。

(3)基础墙、柱的平面布置。基础平面图应反映基础墙、柱、基础底面形状、大小及其基础与轴线的尺寸关系。

章节号	第四节		结构施工图的识读		
审核	第五元素	设计	第五元素产品开发小组	页	39

(4)基础梁的位置、代号。

(5)基础构件配筋。

(6)基础编号、基础断面图的剖切位置线及其编号。

(7)施工说明。用文字说明地基承载力及所用材料的强度等级等。

四、楼层结构平面图识读

楼层结构平面布置图是假想用剖切平面沿楼板面水平切开所得的水平剖面图,用直接正投影法绘制。楼层结构平面布置图是表示各楼层结构构件(如梁、板、柱、墙等)的平面布置情况,以及现浇混凝土构件构造尺寸与配筋情况的图纸,是建筑结构施工时构件布置、安装的重要依据。

五、屋顶结构平面图识读

屋顶结构平面图是表示屋面承重构件平面布置的图样。在建筑中,为了得到较好的外观效果,屋顶常做成各种各样的造型,因此屋顶的结构形式有时会与楼层不同,但其图示内容和表达方法与楼层结构平面图基本相同。

六、钢筋混凝土构件结构详图识读

结构平面图只是表示房屋各楼层的承重构件的平面布置,而各构件的真实形状、大小、内部结构及构造并未表示出来。为此,还需画结构详图。

钢筋混凝土构件是指用钢筋混凝土制成的梁、板、柱、屋架等构件。按施工方法不同可分为现浇钢筋混凝土构件和预制钢筋混凝土构件两种。钢筋混凝土构件详图一般包括模板图、配筋图、预埋件详图及配筋表。配筋图又分为立面图、断面图和钢筋详图,主要用来表示构件内部钢筋的级别、尺寸、数量和配置,是钢筋下料以及绑扎钢筋骨架的施工依据。模板图主要用来表示构件外形尺寸以及预埋件、预留孔的大小及位置,是模板制作和安装的依据。

钢筋混凝土构件结构详图主要包括以下主要内容。

(1)构件详图的图名及比例。

(2)详图的定位轴线及编号。

(3)结构详图亦称配筋图。配筋图表明结构内部的配筋情况,一般由立面图和断面图组成。梁、柱的结构详图由立面图和断面图组成,板的结构图一般只画平面图或断面图。

(4)模板图是表示构件的外形或预埋件位置的详图。

(5)构件构造尺寸、钢筋表。

第五节　钢结构图纸识图

一、钢结构图纸分类

根据钢结构类型,对应的图纸分类分为:门式钢架、钢框架结构、型钢混凝土结构、组合结构以及大跨度屋盖(网架、桁架、索膜)。

门式钢结构主要应用于工业厂房;钢框架结构一般应用于多层、高层结构建筑物;型钢混凝土结构一般应用于高层、超高层结构建筑物。

二、钢结构图纸内容

1.设计总说明

设计总说明的内容包括:

(1)设计依据。包括工程设计合同书中有关设计文件、岩土工程报告、设计基础资料及有关设计规范、规程等。

(2)设计荷载资料。包括各种荷载的取值、抗震设防烈度和抗震设防类别。

（3）设计简介。简述工程概况、设计假定、特点和设计要求以及使用程序等。

（4）材料的选用。对各部分构件选用的钢材应按主次分别提出钢材质量等级和牌号以及性能的要求；相应的钢材等级性能选用配套的焊条和焊丝的牌号及性能要求；选用高强螺栓和普通螺栓的性能级别等。

（5）制作安装。包括制作技术要求及允许偏差；螺栓连接精度和施拧要求；焊缝质量要求和焊缝检验等级要求；防腐和防火措施；运输和安装要求；需要制作试验的特殊说明。

2.地脚螺栓布置图

该图上应标注出各个柱脚锚栓的位置，即相对于纵横轴线的位置尺寸，并在基础剖面上标出螺栓空间位置标高，标明螺栓规格数量及埋设深度。

3.结构布置图

结构布置图主要表达了各个构件在平面中所处的位置并对各种构件选用的截面进行编号。主要包括以下几项。

（1）屋盖平面布置图。包括屋架布置图（或钢架布置图）、屋面檩条布置图和屋面支撑布置图。屋面檩条布置图主要表明了条间距和编号以及条之间设置的直拉条、斜拉条布置和编号；屋面支撑布置图主要表示屋面水平支撑、纵向刚性支撑、屋面梁的隅撑等的布置及编号。

（2）柱子平面布置图。主要表示钢柱（或门式钢架）和山墙柱的布置及编号，纵剖面表示柱间支撑、墙面支撑、墙面条及墙梁布置与编号，包括墙梁的直拉条和斜拉条布置与编号，柱隅撑布置与编号。横剖面重点表示了山墙柱间支撑、墙面支撑、墙梁及拉条面布置与编号。

（3）吊车梁平面布置图表示了吊车梁、车挡及其支撑布置与编号。

4.高层钢结构的结构布置图

①高层钢结构的各层平面分别绘制出了结构平面布置图，有标准层的一般应合并绘制，对于有些平面布置较为复杂的楼层，还应增加剖面表示清楚各构件关系。

②除主要构件外，楼梯结构系统构件上开洞、局部加强、围护结构等应分别编制专门的布置图及相关节点图，与主要平面、立面布置图配合使用。

③布置图应注明柱网的定位轴线编号、跨度和柱距，在剖面图中主要构件在有特殊连接或特殊变化处（如柱子上的牛腿或支托处，安装接头、柱梁接头或柱子变截面处）应标注标高。

④构件编号。首先按《建筑结构制图标准》规定的常用构件代号作为构件代号，但在实际工程中，对同样名称而不同材料的构件，为便于区分，应在构件代号前加注材料代号，并在图纸中加以说明。一些特殊构件代号未作出规定的，一般应用汉语拼音字头编代号，代号后面用阿拉伯数字按构件主次顺序进行编号。一个构件如截面和外形相同，长度虽不同，应编为同一个号；但组合梁截面相同而外形不同，应分别编号。

⑤每张构件布置图均列出构件表。构件连接方法和细部尺寸在节点详图上表述。

5.钢架图

在此图中应给出组成钢架的各个构件的编号，结合构件表表示出各个组成部分的细部尺寸。

6.节点详图

节点主要是相同构件的拼接处、不同构件的连接处、不同结构材料连接处及需要特殊交代清楚的部位。

节点详图表示了各构件间的相互连接关系及其构造特点，节点上注明了整个结构的相关位置，标出了轴线编号、相关尺寸、主要控制标高、构件编号或截面规格、节点板厚度及加劲肋做法。当构件与节点板采用焊接连接时,应注明焊角尺寸和焊缝符号。构件采用螺栓连接时,应标明螺栓等级、直径、数量。

7.构件图

格构式构件包括平面桁架和立体桁架以及截面较为复杂的组合构件,应绘制出构件图,门式钢架由于采用变截面,也应绘制构件图,通过构件图表达构件外形、几何尺寸及构件中杆件(或板件)的截面尺寸。

平面或立体桁架构件图,一般用单线绘制,弦杆注明重心距,几何尺寸以中心线为准。

当桁架构件图为轴对称时,左侧标注了构件截面的大小,右侧标注了杆件内力。当桁架构件图为不对称时,构件上方标注构件截面大小,下方标注构件内力。柱子构件图按其外形分拼装单元竖放绘制,在支撑吊车梁肢和支撑屋架肢上用双实线,腹杆用单实线绘制,绘制各截面变化处的各个剖面,注明相应的规格尺寸、柱段控制标高和轴线编号的相关尺寸。

第三章　门式钢结构厂房图纸识读

第一节　门式钢结构厂房简介

单层门式钢结构是指以轻型焊接 H 型钢(等截面或变截面)、热轧 H 型钢(等截面)或冷弯薄壁型钢等构成的实腹式门式刚架或格构式门式刚架作为主要承重骨架,用冷弯薄壁型钢(C 型、Z 型)作为檩条、墙梁,以压型金属板(压型钢板、压型铝板)作为屋面、墙面,采用聚苯乙烯泡沫塑料、硬质聚氨酯泡沫塑料、岩棉、矿棉、玻璃棉等作为保温隔热材料并适当设置支撑的一种轻型房屋结构体系。单层轻型钢结构房屋的组成如下图所示。

(3)屋面钢结构;

(4)屋面支撑及柱间支撑钢结构;

(5)内外托架梁;

(6)钢吊车梁;

(7)屋面钢檩条及雨篷;

(8)钢结构楼板;

(9)钢楼梯及检修梯;

(10)内外墙及端墙压型钢板;

(11)屋面檐沟、天沟、落水管;

(12)屋面通风天窗及采光透明瓦。

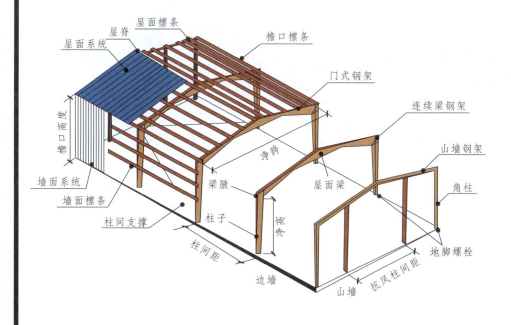

轻钢结构体系

轻钢结构体系包括以下几种结构:

(1)外纵墙钢结构;

(2)端墙钢结构;

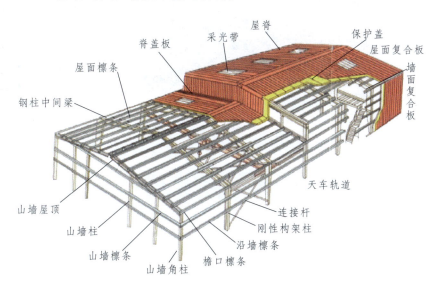

章节号	第一节	门式钢结构厂房简介		
审 核	第五元素	设 计	第五元素产品开发小组	页　47

柱脚：

柱脚分为外露式柱脚、埋入式柱脚、外包式柱脚。

单层厂房一般采用外露式柱脚。多高层结构框架柱的柱脚一般采用埋入式柱脚、外包式柱脚，多层结构框架柱尚可采用外露式柱脚。

章节号	第一节	门式钢结构厂房简介		
审 核	第五元素	设 计	第五元素产品开发小组	页	48

H型钢柱

加劲板

地脚底板

地脚锚栓

地脚锚栓垫板

外露式柱脚

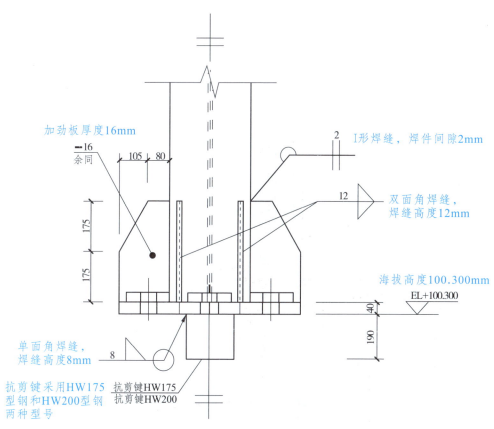

加劲板厚度16mm

105　80

175

175

加劲板厚度16mm

2　I形焊缝，焊件间隙2mm

12　双面角焊缝，焊缝高度12mm

海拔高度100.300mm

EL+100.300

40

190

单面角焊缝，焊缝高度8mm

8

抗剪键采用HW175型钢和HW200型钢两种型号

抗剪键HW175
抗剪键HW200

章节号	第一节	门式钢结构厂房简介		
审　核	第五元素	设　计	第五元素产品开发小组	页 49

外包式柱脚底板应位于基础梁或筏板的混凝土保护层内；外包混凝土厚度对 H 形截面柱不宜小于 160mm，对矩形管或圆管柱不宜小于 180mm，同时不宜小于钢柱截面高度的 30%；混凝土强度等级不宜低于 C30；柱脚混凝土外包高度，H 形截面柱不宜小于柱截面高度的 2 倍，矩形管柱或圆管柱宜为矩形管截面长边尺寸或圆管直径的 2.5 倍；当没有地下室时，外包宽度和高度宜增大 20%；当仅有一层地下室时，外包宽度宜增大 10％。

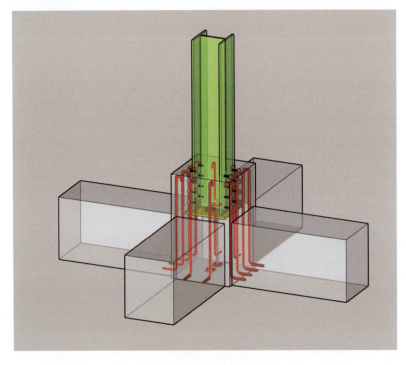

外包式柱脚

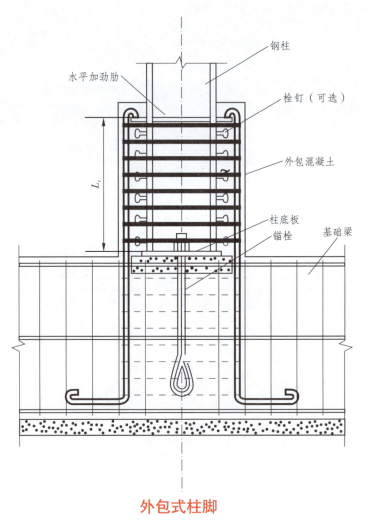

外包式柱脚

L_r—外包混凝土顶部箍筋至柱底板的距离

章节号	第一节	门式钢结构厂房简介		
审 核	第五元素	设 计	第五元素产品开发小组	页

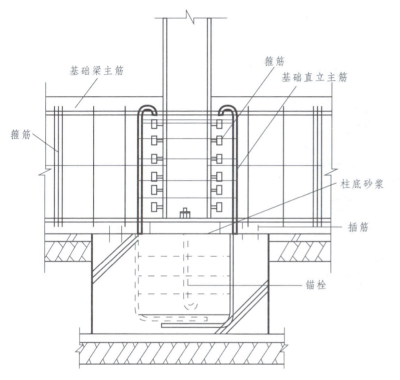

基础梁主筋
箍筋
基础直立主筋
箍筋
柱底砂浆
插筋
锚栓

埋入式柱脚

章节号	第一节		门式钢结构厂房简介		
审 核	第五元素	设 计	第五元素产品开发小组	页	51

柱脚锚栓：

锚栓分为弯钩式和锚板式,直径小于 M39 的锚栓一般为弯钩式,直径大于 M39 的锚栓,一般为锚板式。

锚栓的锚固长度一般不宜小于 25d;柱脚底板和锚栓支承托座顶板的锚栓孔径,宜取锚栓直径加 5～10mm;锚栓垫板的孔径,取锚栓直径加 2mm。锚栓应采用双螺母紧固,为防止螺母松动,螺母与锚栓垫板尚应进行点焊。

柱脚锚栓

带端板的柱脚锚栓

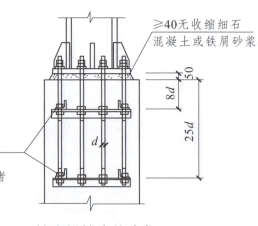

≥40无收缩细石混凝土或铁屑砂浆

50

8d

25d

d

锚栓固定架角钢，通常角钢肢宽 $b=(3～3.5)d$
肢厚取相应型号中之最厚者

柱脚锚栓定位支架

章节号	第一节	门式钢结构厂房简介			
审核	第五元素	设计	第五元素产品开发小组	页	52

钢柱、钢梁: 主要受力构件。

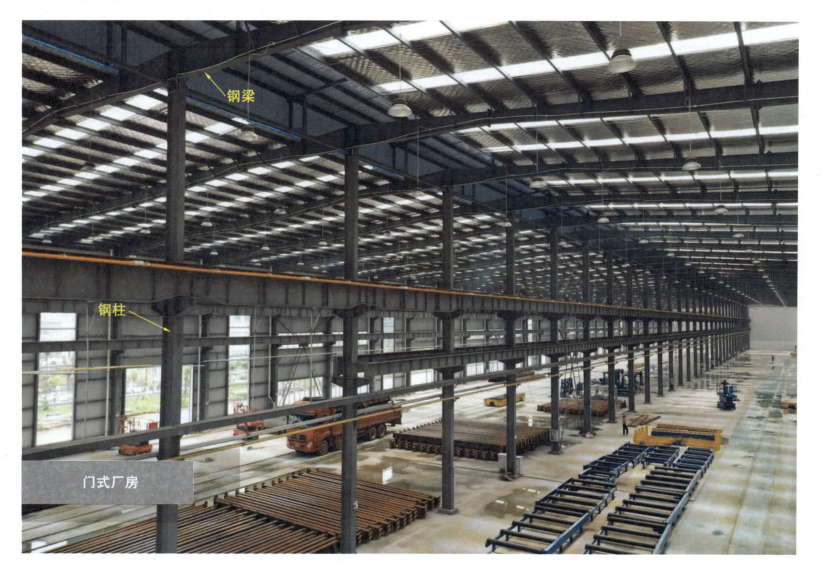

钢梁

钢柱

门式厂房

章节号	第一节		门式钢结构厂房简介		
审 核	第五元素	设 计	第五元素产品开发小组	页	53

檩条:分屋面檩条和墙面檩条两种。屋面檩条垂直于水平屋顶梁布置,用以支撑屋面板;墙面檩条垂直于柱布置,用以支撑墙面板。

屋面檩条

墙面檩条

章节号	第一节		门式钢结构厂房简介		
审 核	第五元素	设 计	第五元素产品开发小组	页	54

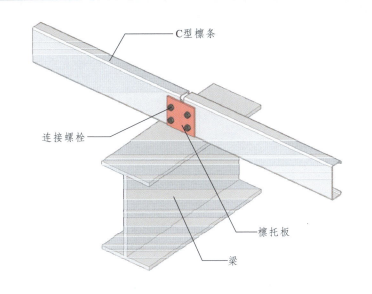

C型檩条

连接螺栓

檩托板

梁

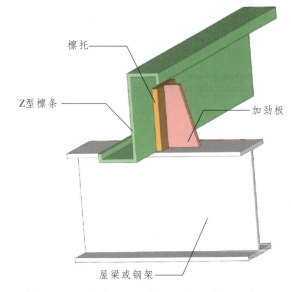

檩托

Z型檩条

加劲板

屋梁或钢架

章节号	第一节		门式钢结构厂房简介		
审 核	第五元素	设 计	第五元素产品开发小组	页	55

檩条根据安装方式不同分为:简支檩条、连续檩条。

简支檩条在檩托板上连接时,檩托板上的四个孔由两边的两个檩条各用一个,两个檩条是端部对端部。而连续檩则是两边的两个檩条还要各伸到对方范围,有一部分是两檩条重叠的,一般只有Z型檩才可以实现连续连接。连接檩比简支檩耗用更多材料,且安装不便,但其可以局部增强节点处的抗挠强度,在梁柱跨度较大而小截面的C型钢不能满足设计要求时,可以采用Z型钢连续连接,达到满足设计要求及节约材料的作用。

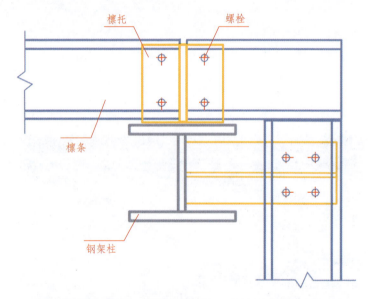

简支:C型墙梁与角柱连接做法示意

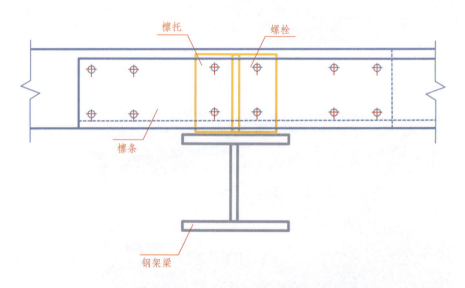

连续:屋面连续檩条搭接做法示意

章节号	第一节	门式钢结构厂房简介				
审 核	第五元素	设 计	第五元素产品开发小组	页	56	

隅撑:指梁与檩之间、柱与檩之间的支撑杆。墙面上的叫墙面隅撑,屋面上的叫屋面隅撑。

拉条:指拉结檩条的圆钢,目的是增强檩条的稳定性。分直拉条和斜拉条两种。

斜拉条

直拉条

章节号	第一节	门式钢结构厂房简介		
审 核	第五元素	设 计	第五元素产品开发小组	页	58

支撑:分为水平支撑和柱间支撑两种,水平支撑是支撑在梁与梁之间,柱间支撑是支撑在柱与柱之间。一般情况是倾斜的连接构件,最常见的是人字形和交叉形状的,作用是传递结构纵向荷载,包括风荷载、地震力、吊车刹车力;使各榀钢架在纵向形成整体受力体系。

水平支撑

柱间支撑

撑杆: 是保证钢结构整体稳定性的一个横向支撑杆件。撑杆主要承受压力,和拉条共同作用,将檩条沿屋面坡度方向的分力传给梁或柱,是圆钢螺杆紧固,外套钢管支撑。

连接系杆: 刚性系杆也称为系杆,就是沿门式刚架纵向全长布置的系杆,是用来传递门式刚架纵向力的构件。一般配合屋面支撑和柱间支撑等纵向传力构件布置,吊车梁可兼做刚性系杆。

章节号	第一节	门式钢结构厂房简介		
审 核	第五元素	设 计	第五元素产品开发小组	页	60

吊车梁:用于专门装载厂房内部吊车的梁,就叫吊车梁,一般安装在厂房上部。吊车梁是支撑桁车运行的路基,多用于厂房中。吊车梁上有吊车轨道,桁车就通过轨道在吊车梁上来回行驶。吊车梁跟钢梁相似,区别在于吊车梁腹板上焊有密集的加劲板,为桁车吊运重物提供支撑力。

章节号	第一节	门式钢结构厂房简介			
审 核	第五元素	设 计	第五元素产品开发小组	页	61

如何看门式钢架结构图纸？

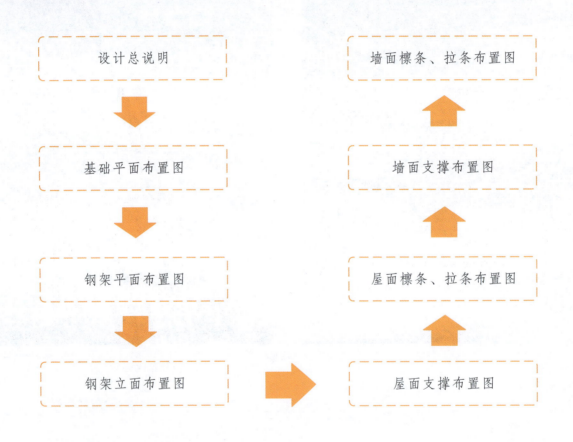

设计总说明	墙面檩条、拉条布置图
基础平面布置图	墙面支撑布置图
钢架平面布置图	屋面檩条、拉条布置图
钢架立面布置图	屋面支撑布置图

图纸简略图

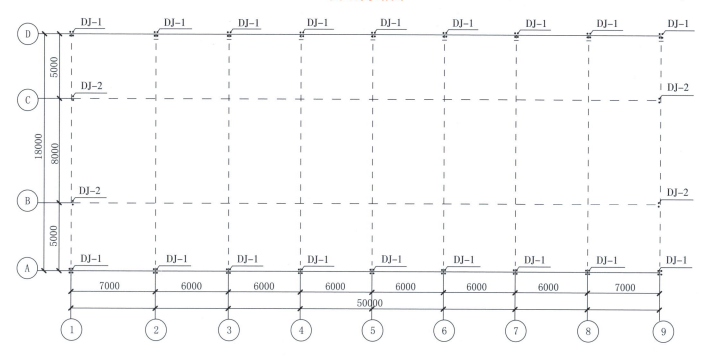

(a)钢结构厂房锚栓平面布置图

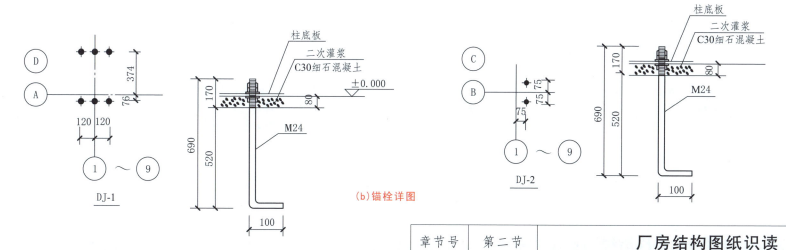

(b)锚栓详图

章节号	第二节			厂房结构图纸识读		
审 核	第五元素	设 计	第五元素产品开发小组		页	63

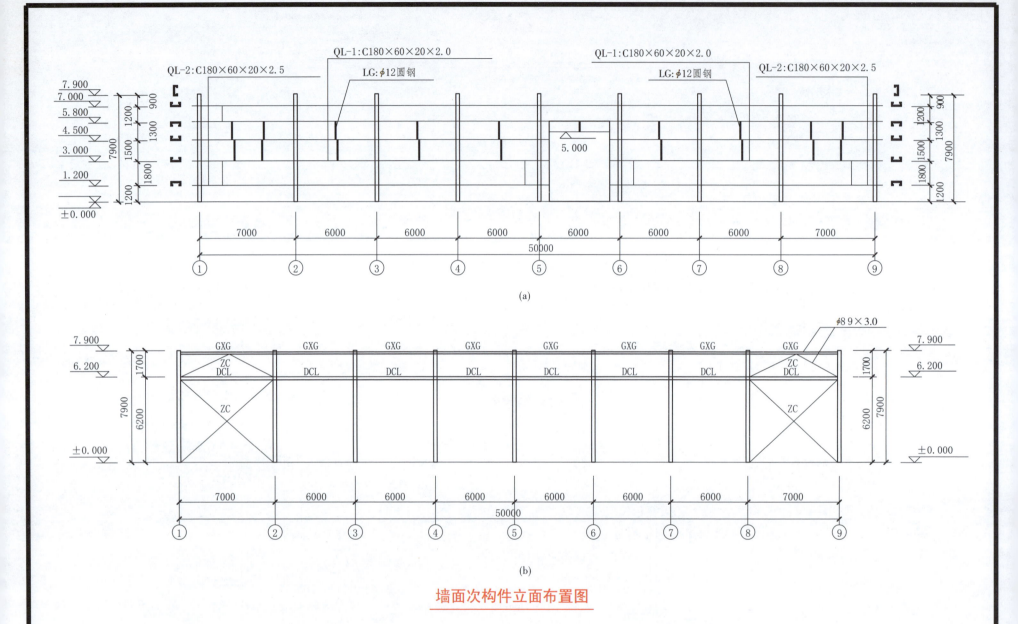

(a)

(b)

墙面次构件立面布置图

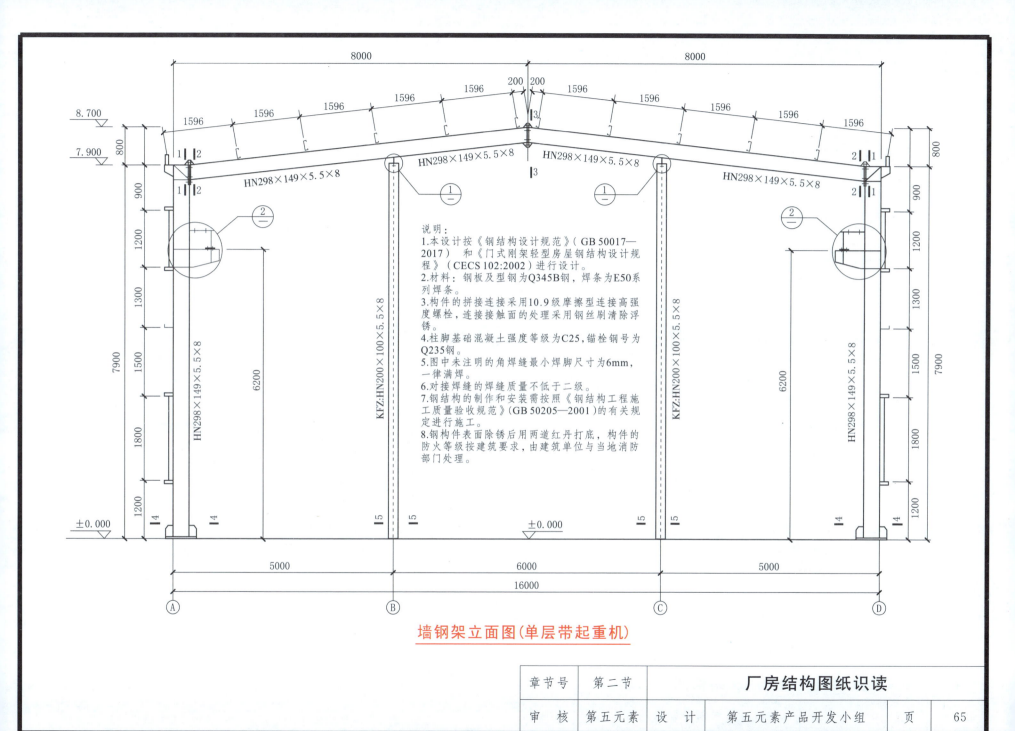

说明：
1.本设计按《钢结构设计规范》（GB 50017—2017）和《门式刚架轻型房屋钢结构设计规程》（CECS 102:2002）进行设计。
2.材料：钢板及型钢为Q345B钢，焊条为E50系列焊条。
3.构件的拼接连接采用10.9级摩擦型连接高强度螺栓，连接接触面的处理采用钢丝刷清除浮锈。
4.柱脚基础混凝土强度等级为C25，锚栓钢号为Q235钢。
5.图中未注明的角焊缝最小焊脚尺寸为6mm，一律满焊。
6.对接焊缝的焊缝质量不低于二级。
7.钢结构的制作和安装需按照《钢结构工程施工质量验收规范》(GB 50205—2001)的有关规定进行施工。
8.钢构件表面除锈后用两道红丹打底，构件的防火等级按建筑要求，由建筑单位与当地消防部门处理。

墙钢架立面图(单层带起重机)

章节号	第二节			厂房结构图纸识读		
审 核	第五元素	设 计		第五元素产品开发小组	页	65

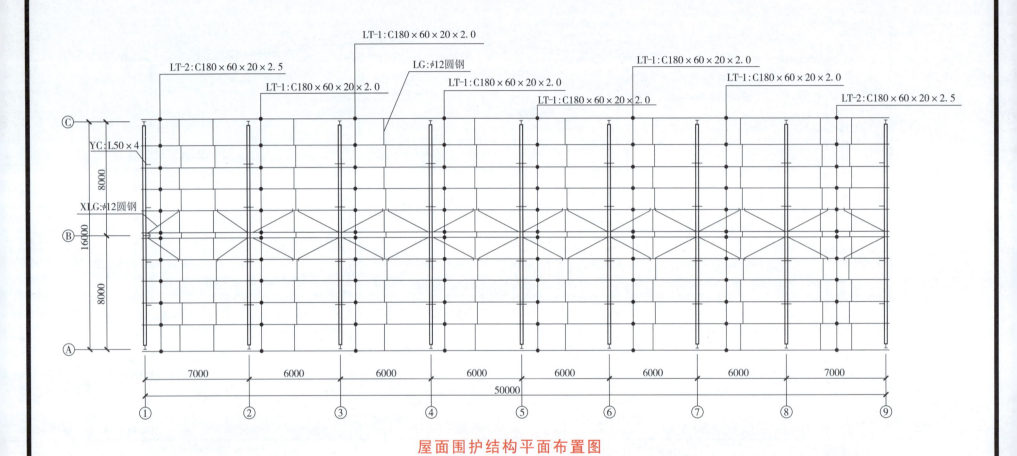

屋面围护结构平面布置图

第三节　柱脚节点识图

一、柱脚与基础连接

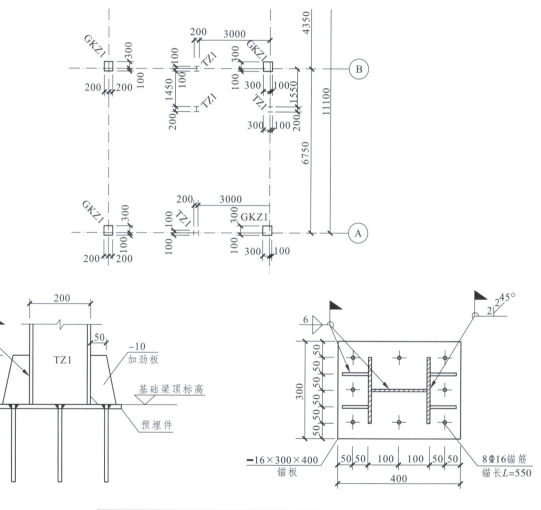

章节号	第三节		柱脚节点识图		
审　核	第五元素	设　计	第五元素产品开发小组	页	67

二、地脚螺栓节点识图

普通弯钩螺栓

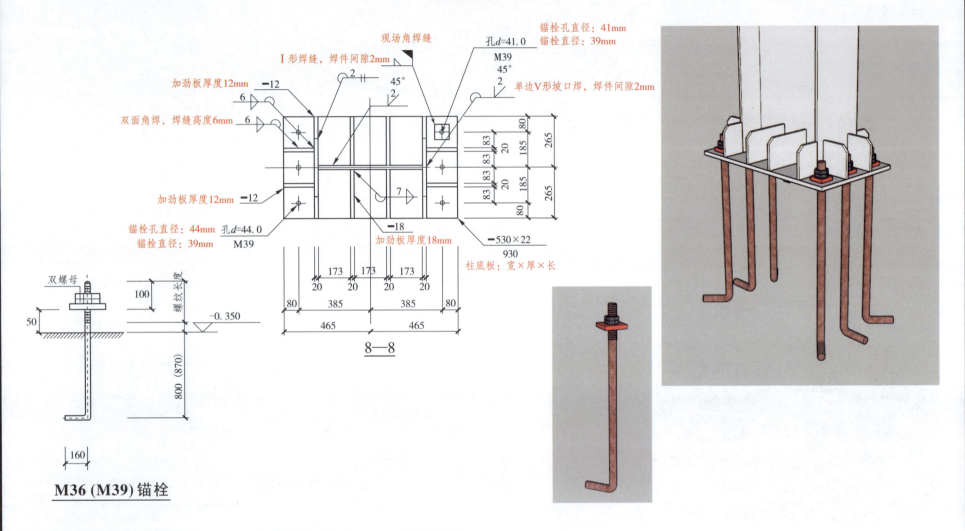

现场角焊缝

锚栓孔直径：41mm
锚栓直径：39mm

孔d=41.0
M39
45°

Ⅰ形焊缝，焊件间隙2mm

加劲板厚度12mm ─12

45°

单边V形坡口焊，焊件间隙2mm

双面角焊，焊缝高度6mm 6

加劲板厚度12mm ─12

锚栓孔直径：44mm
锚栓直径：39mm

孔d=44.0
M39

加劲板厚度18mm ─18

─530×22
930
柱底板：宽×厚×长

80 83 83 20 185 265
83 83 20 185 265 80

8—8

173 173 173
20 20 20 20
80 385 385 80
465 465

双螺母
100
螺纹长度
50
−0.350
800 (870)
160

M36 (M39) 锚栓

带端板的柱脚螺栓

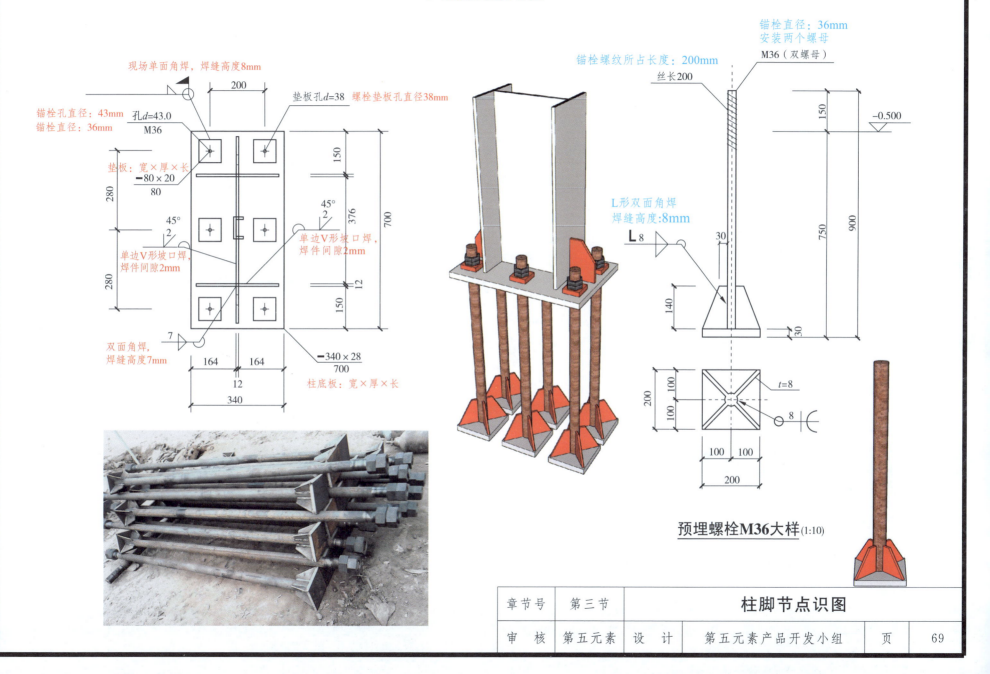

现场单面角焊，焊缝高度8mm

锚栓孔直径：43mm
锚栓直径：36mm

孔d=43.0
M36

垫板孔d=38 螺栓垫板孔直径38mm

200

垫板：宽×厚×长
—80×20
80

280

150

45°
2

45°
2

376

700

150

280

单边V形坡口焊，
焊件间隙2mm

单边V形坡口焊，
焊件间隙2mm

12

双面角焊，
焊缝高度7mm

7

164   164

12

340

—340×28
700

柱底板：宽×厚×长

锚栓直径：36mm
安装两个螺母

锚栓螺纹所占长度：200mm

M36（双螺母）

丝长200

150

−0.500

L形双面角焊
焊缝高度:8mm

L 8

30

140

750

900

30

200

100   100

t=8

8

100   100

200

预埋螺栓M36大样(1:10)

章节号	第三节	柱脚节点识图		
审　核	第五元素	设　计	第五元素产品开发小组	页	69

抗剪键:抗剪键的首要作用是抵抗柱底剪力,防止柱底板与基础混凝土顶面之间出现滑移。用不用抗剪键,是要看柱脚底板的摩擦力是否能平衡剪力,锚栓不参与抗剪。

通常用较厚的槽钢或工字钢垂直焊接在柱脚底面的水平钢板上,并埋在混凝土基础内预留的抗剪槽中,一般用微膨胀混凝土二次浇灌。

调节螺栓:柱脚底板的地脚螺栓加调整螺母,螺母上表面的标高调整到与柱底板齐平,放上柱子后,利用底板下的螺母控制柱子的标高和柱身的垂偏调整。

根据《钢结构设计规范》(GB 50017—2017)规定,柱脚在地面以下的部分应采用强度等级较低的混凝土包裹(保护层厚度不应小于50mm),包裹的混凝土高出室外地面不应小于150mm,室内地面不应小于50mm;当柱脚底面在地面以上时,柱脚底面高出室外地面不应小于100mm,高出室内地面不宜小于50mm。

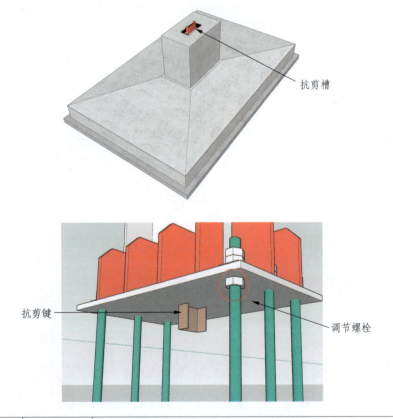

抗剪槽

抗剪键

调节螺栓

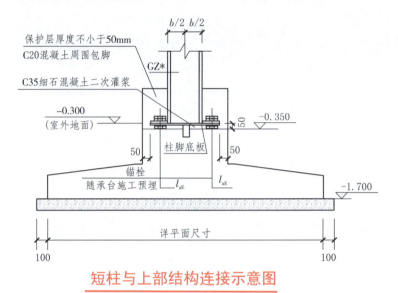

保护层厚度不小于50mm
C20混凝土周围包脚
GZ*
C35细石混凝土二次灌浆
−0.300
(室外地面)
−0.350
50
柱脚底板
50
50
锚栓
随承台施工预埋
l_{aE}
l_{aE}
−1.700
详平面尺寸
100
100

短柱与上部结构连接示意图

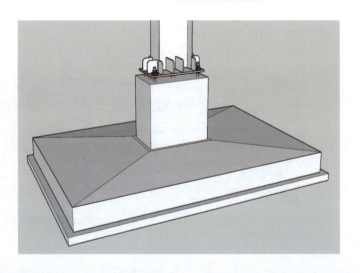

章节号	第三节	柱脚节点识图		
审 核	第五元素	设 计	第五元素产品开发小组	页 70

钢柱分为:楔形 H 型钢柱,变截面 H 型钢柱,H 型钢柱三种。

(1)楔形 H 型钢柱现场及图纸表示:左右两边一边为垂直90°,另一边为非垂直斜边。

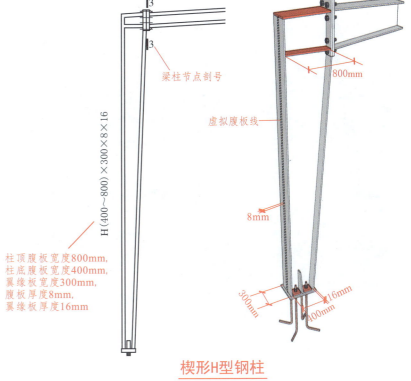

梁柱节点剖号

虚拟腹板线

800mm

8mm

16mm

300mm

400mm

H(400~800)×300×8×16

柱顶腹板宽度800mm,
柱底腹板宽度400mm,
翼缘板宽度300mm,
腹板厚度8mm,
翼缘板厚度16mm

楔形H型钢柱

章节号	第四节		钢柱节点识图	
审　核	第五元素	设　计	第五元素产品开发小组	页 71

（2）变截面 H 型钢柱现场及图纸表示：左右两边皆为非垂直斜边。

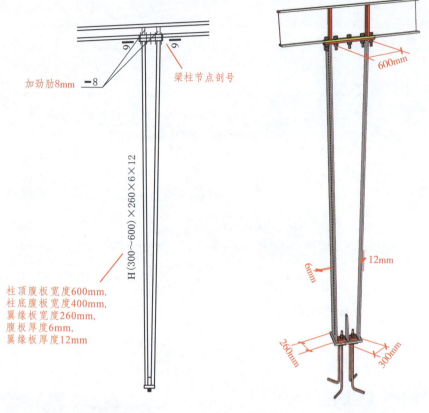

加劲肋8mm ─8

梁柱节点剖号

H（300～600）×260×6×12

柱顶腹板宽度600mm,
柱底腹板宽度400mm,
翼缘板宽度260mm,
腹板厚度6mm,
翼缘板厚度12mm

600mm

12mm

6mm

260mm

300mm

变截面H型钢柱

章节号	第四节	钢柱节点识图		
审核	第五元素	设计	第五元素产品开发小组	页 72

（3）H型钢柱现场及图纸表示：左右两边皆为垂直90°。

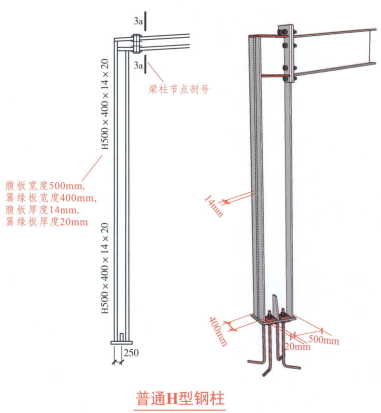

腹板宽度500mm,
翼缘板宽度400mm,
腹板厚度14mm,
翼缘板厚度20mm

H500×400×14×20

H500×400×14×20

3a

3a

梁柱节点剖号

250

14mm

400mm

500mm

20mm

普通H型钢柱

章节号	第四节	**钢柱节点识图**		
审 核	第五元素	设 计	第五元素产品开发小组	页	73

钢柱和钢梁连接节点图

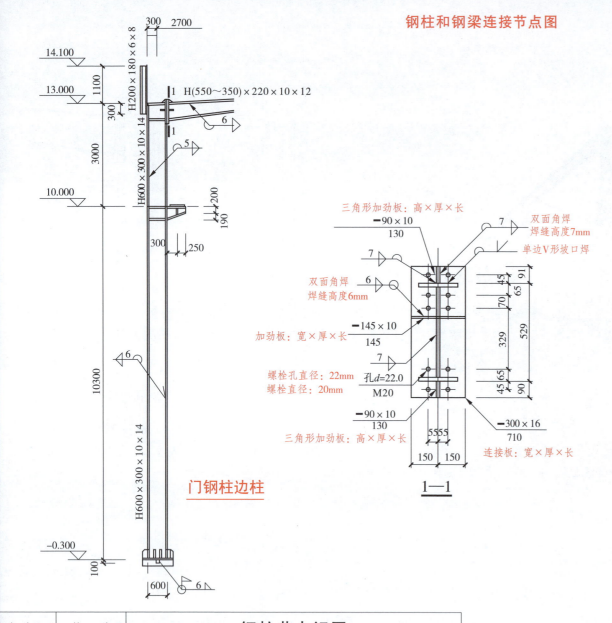

300 2700

14.100

13.000

10.000

H200×180×6×8

1100

300

1 H(550~350)×220×10×12

6

1

5

3000

H600×300×10×14

200

190

300

250

10300

6

H600×300×10×14

−0.300

100

600

6

门钢柱边柱

三角形加劲板：高×厚×长
─90×10
130

7 双面角焊
焊缝高度7mm

7 单边V形坡口焊

双面角焊
焊缝高度6mm
6

─145×10
145

加劲板：宽×厚×长

45 91
65
70
329 529
45 65
90

螺栓孔直径：22mm
螺栓直径：20mm

孔d=22.0
M20

7

─90×10
130

三角形加劲板：高×厚×长

─300×16
710

连接板：宽×厚×长

5555

150 150

1─1

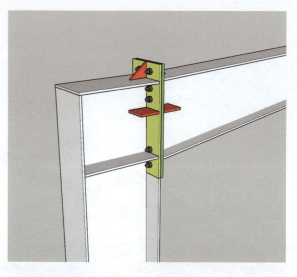

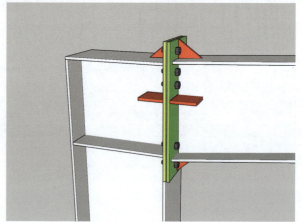

章节号	第四节	**钢柱节点识图**		
审核	第五元素	设计	第五元素产品开发小组	页 74

钢柱和钢梁连接节点图

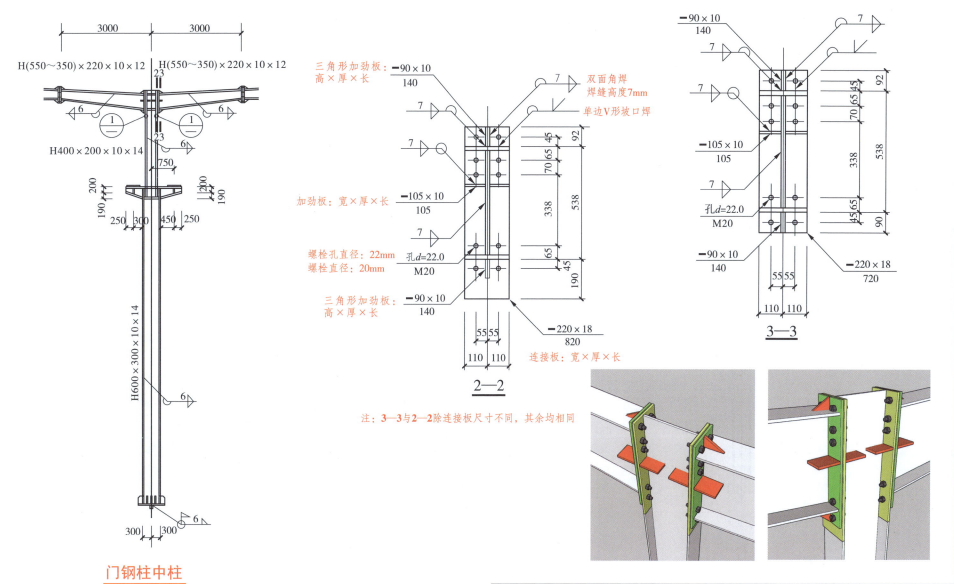

3000 **3000**

H(550~350)×220×10×12   H(550~350)×220×10×12

23

H400×200×10×14

23

750

200 190   200 190

250 300 450 250

H600×300×10×14

300 300

门钢柱中柱

三角形加劲板：−90×10 高×厚×长 140

加劲板：宽×厚×长 −105×10 105

螺栓孔直径：22mm 螺栓直径：20mm 孔d=22.0 M20

三角形加劲板：−90×10 高×厚×长 140

双面角焊 焊缝高度7mm

单边V形坡口焊

92 70 65 45

338 538

65 45

190

−220×18 820

连接板：宽×厚×长

55 55

110 110

2—2

−90×10 140

−105×10 105

孔d=22.0 M20

−90×10 140

92 70 65 45

338 538

45 65

90

−220×18 720

55 55

110 110

3—3

注：**3—3**与**2—2**除连接板尺寸不同，其余均相同

钢柱和钢梁连接节点图

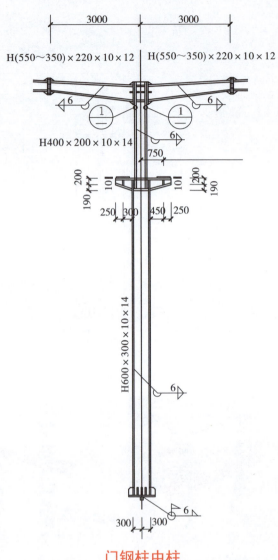

H(550~350)×220×10×12   H(550~350)×220×10×12

3000   3000

H400×200×10×14

750

200

190   101   101   200   190

250 300 450 250

H600×300×10×14

6

300 300

6

门钢柱中柱

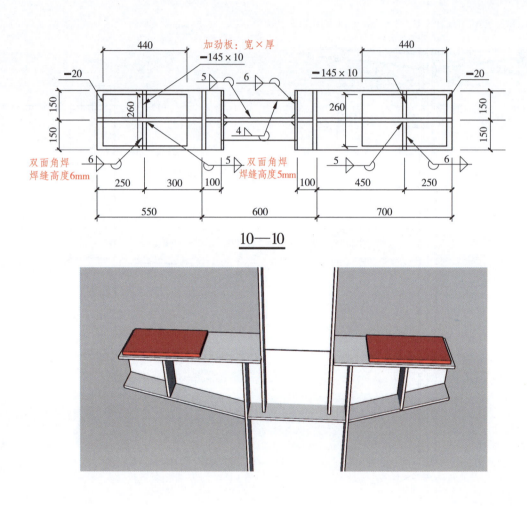

加劲板：宽×厚
—145×10

440   440

—20   —145×10   —20

5   6

150   260   260   150

150   4   150

双面角焊
焊缝高度6mm   双面角焊
焊缝高度5mm

6   5   5   6

250 300 100   100 450 250

550   600   700

10—10

章节号	第四节	钢柱节点识图		
审 核	第五元素	设 计	第五元素产品开发小组	页 76

抗风柱与梁连接节点图

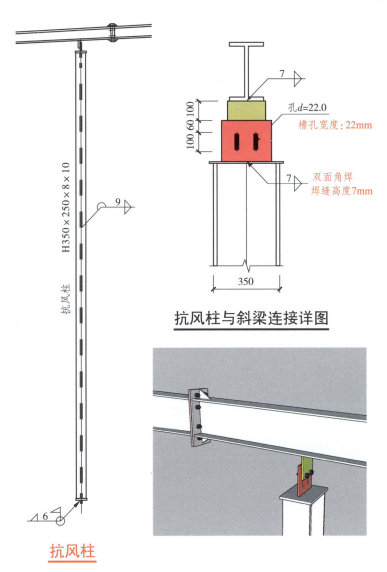

H350×250×8×10

抗风柱

7

100 60 100

孔d=22.0
槽孔宽度：22mm

7
双面角焊
焊缝高度7mm

350

抗风柱与斜梁连接详图

9

6

抗风柱

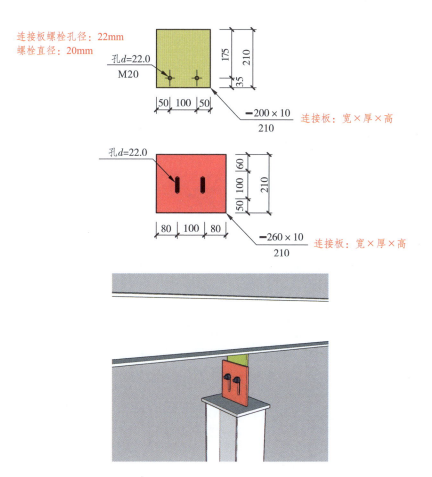

连接板螺栓孔径：22mm
螺栓直径：20mm

孔d=22.0
M20

175
210
35

50 100 50
210
—200×10
连接板：宽×厚×高

孔d=22.0

50 100 60
210
50 100

80 100 80
210
—260×10
连接板：宽×厚×高

章节号	第四节	钢柱节点识图		
审 核	第五元素	设 计	第五元素产品开发小组	页

摇摆柱与梁连接节点图

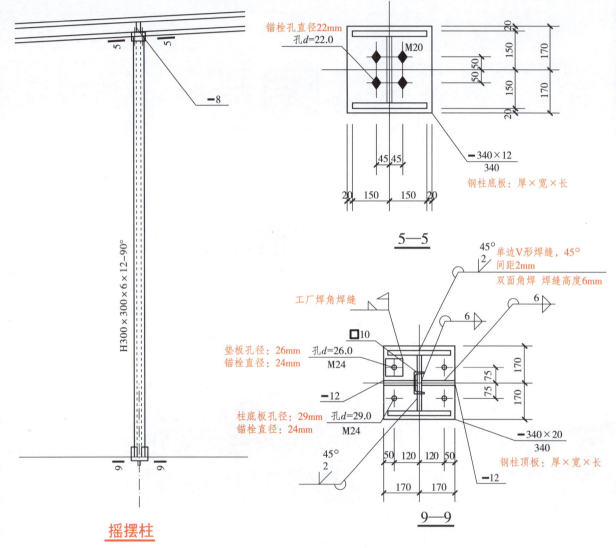

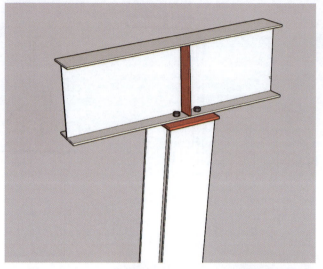

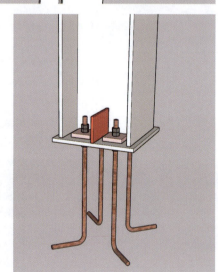

锚栓孔直径22mm
孔d=22.0

M20

─340×12
340

钢柱底板：厚×宽×长

5—5

H300×300×6×12-90°

摇摆柱

单边V形焊缝，45°
间距2mm
双面角焊 焊缝高度6mm

工厂焊角焊缝

□10

垫板孔径：26mm
锚栓直径：24mm

孔d=26.0
M24

─12

柱底板孔径：29mm
锚栓直径：24mm

孔d=29.0
M24

─340×20
340

钢柱顶板：厚×宽×长

─12

45°
2

9—9

章节号	第四节	钢柱节点识图		
审　核	第五元素	设　计	第五元素产品开发小组	页

78

牛腿与边柱连接节点图

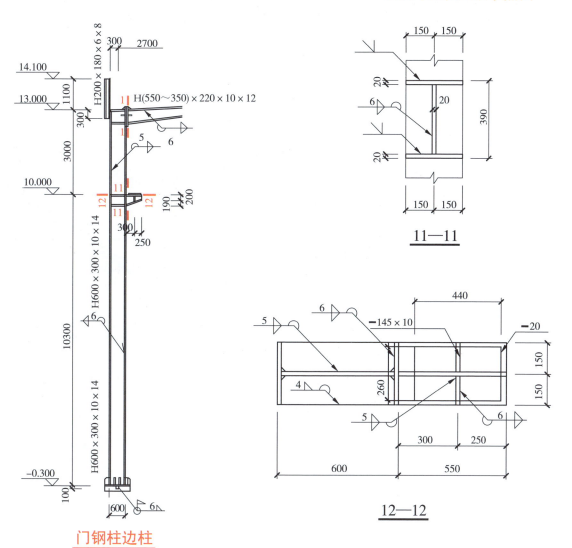

门钢柱边柱

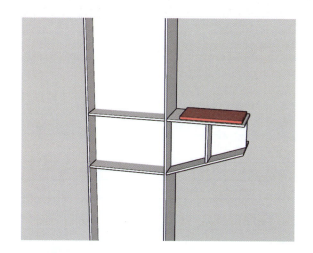

11—11

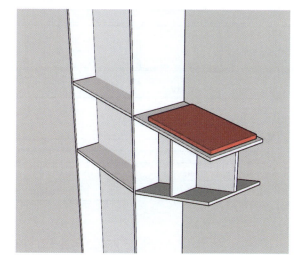

12—12

章节号	第四节		钢柱节点识图		
审 核	第五元素	设 计	第五元素产品开发小组	页	79

第五节　钢梁节点图

厂房吊车梁节点图

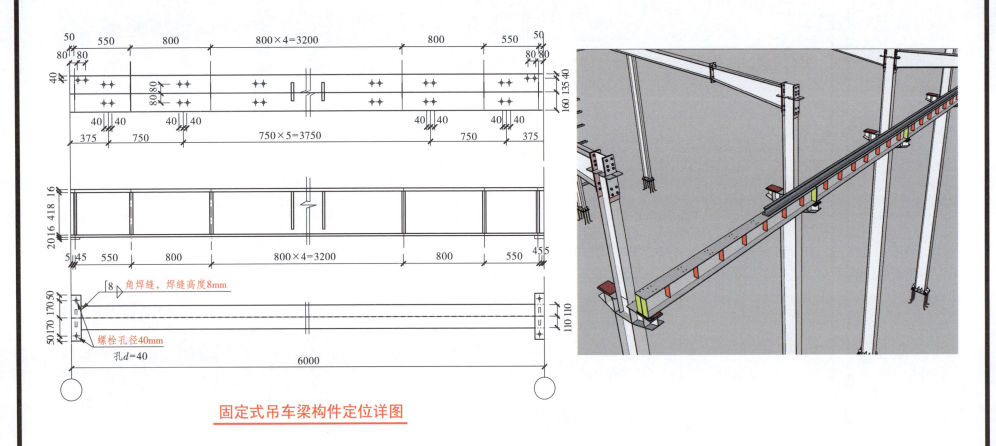

角焊缝，焊缝高度8mm

螺栓孔径40mm

孔d=40

固定式吊车梁构件定位详图

章节号	第五节		**钢梁节点图**		
审　核	第五元素	设　计	第五元素产品开发小组	页	80

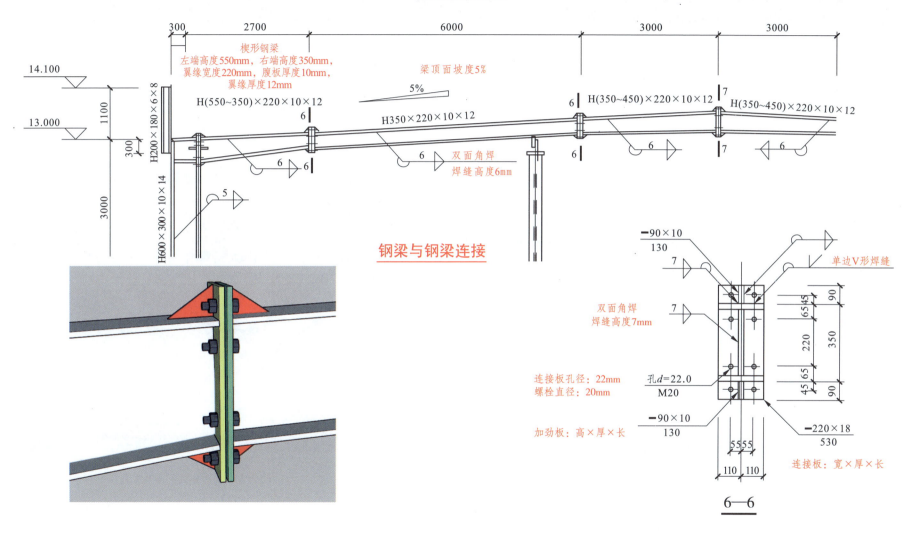

钢架梁节点图

楔形钢梁
左端高度550mm，右端高度350mm，
翼缘宽度220mm，腹板厚度10mm，
翼缘厚度12mm

梁顶面坡度5%

14.100

13.000

1100

300

3000

H200×180×6×8

H600×300×10×14

H(550~350)×220×10×12

5%

H350×220×10×12

6 双面角焊
焊缝高度6mm

6

6

5

H(350~450)×220×10×12

7

H(350~450)×220×10×12

7

钢梁与钢梁连接

─90×10
130

7

单边V形焊缝

7

双面角焊
焊缝高度7mm

连接板孔径：22mm
螺栓直径：20mm

孔d=22.0
M20

─90×10
130

加劲板：高×厚×长

─220×18
530

连接板：宽×厚×长

90
65
45

220

45
65
90

350

55 55

110 110

6—6

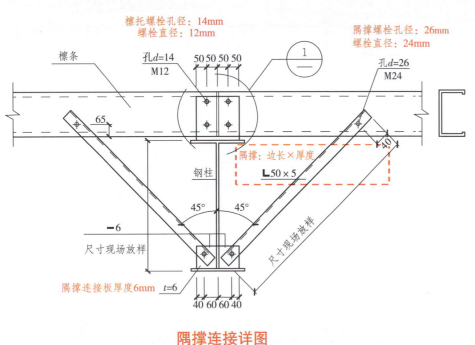

隅撑连接详图

隅撑节点图

章节号	第六节		屋面节点图		
审　核	第五元素	设　计	第五元素产品开发小组	页	82

屋面节点图

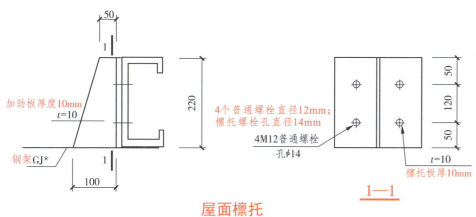

加劲板厚度10mm
t=10

钢架GJ*

50

1

220

1

100

4个普通螺栓直径12mm；
檩托螺栓孔直径14mm

4M12普通螺栓
孔φ14

檩托板厚10mm

50

120

50

t=10

1—1

屋面檩托

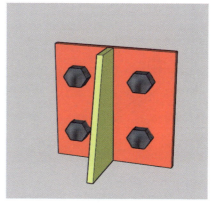

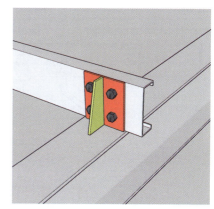

连接板：长×宽×厚
━120×100×6
檩条连接板

等边角钢：边长×厚度
相邻间距2000
∟63×4
@2000

单面角焊缝，焊缝高度3mm
3

5 单面角焊缝，焊缝高度5mm

屋脊撑杆连接节点

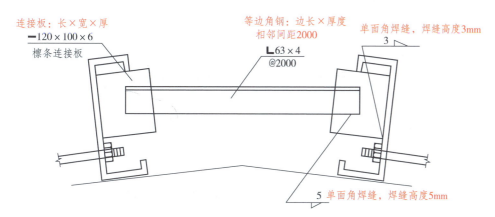

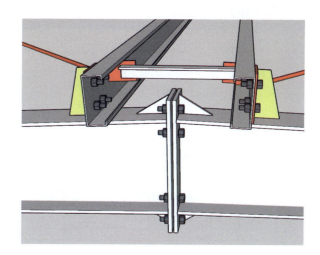

章节号	第六节		屋面节点图		
审　核	第五元素	设　计	第五元素产品开发小组	页	83

拉条：直径12mm的圆钢

檩条

LT
φ12圆钢

60 60 60

斜拉条 XLT

XLT

CG12+φ30×20

撑杆：内拉条为直径12mm的圆钢，
外套直径30mm，壁厚2mm的钢管

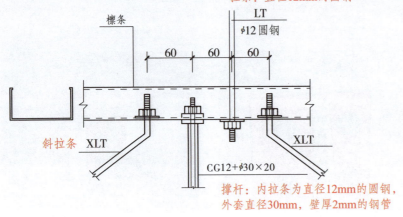

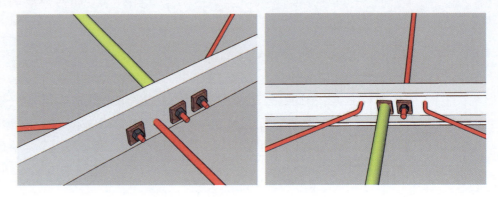

拉杆、撑杆连结节点

隔撑 YC   T* 檩条 LT 拉条

钢架
GJ*

XLT 斜拉条 CG 撑杆

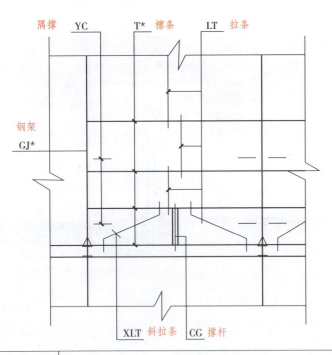

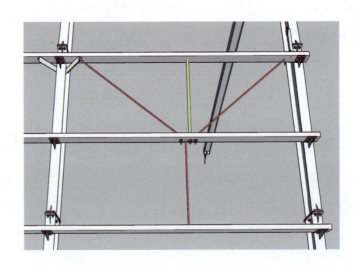

章节号	第六节	屋面节点图		
审 核	第五元素	设 计	第五元素产品开发小组	页	84

系杆节点图

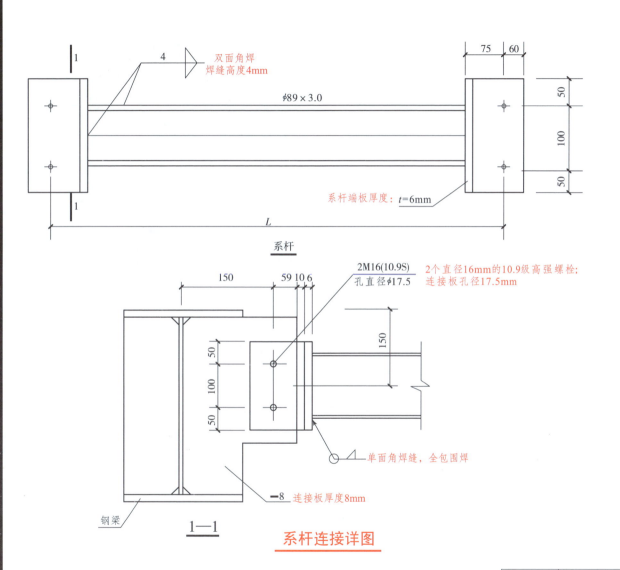

双面角焊
焊缝高度4mm

4

$\phi 89 \times 3.0$

75 60

50

100

50

系杆端板厚度：$t=6$mm

L

系杆

150   59 10 6

2M16(10.9S)
孔直径$\phi 17.5$

2个直径16mm的10.9级高强螺栓；
连接板孔径17.5mm

50

100

50

150

单面角焊缝，全包围焊

8 连接板厚度8mm

钢梁

1—1

系杆连接详图

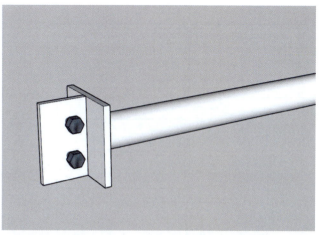

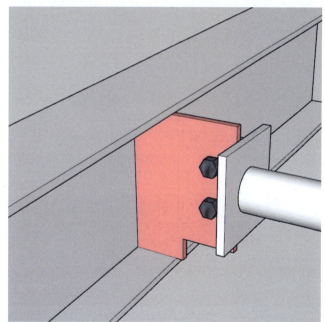

章节号	第六节		屋面节点图		
审 核	第五元素	设 计	第五元素产品开发小组	页	85

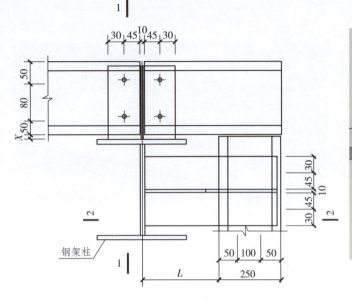

C型墙梁与角柱连接

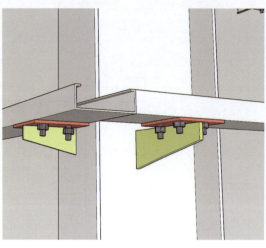

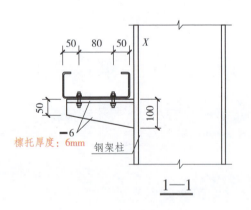

檩托厚度：6mm

钢架柱

1—1

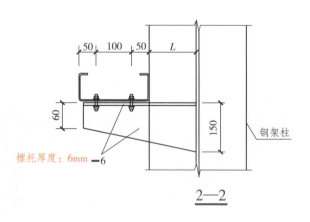

檩托厚度：6mm

钢架柱

2—2

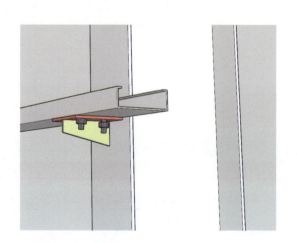

章节号	第六节		屋面节点图		
审 核	第五元素	设 计	第五元素产品开发小组	页	86

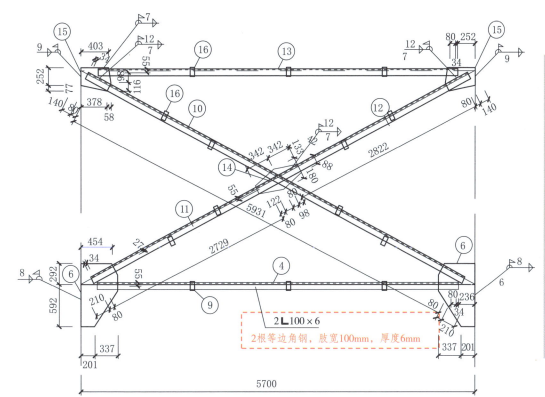

端跨上柱支撑详图

2∟100×6
2根等边角钢，肢宽100mm，厚度6mm

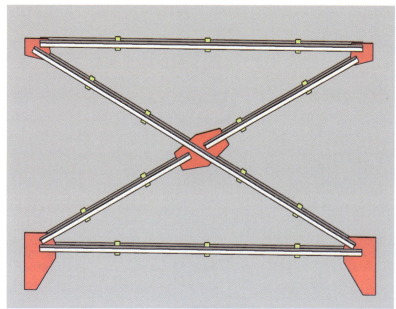

章节号	第六节		屋面节点图		
审 核	第五元素	设 计	第五元素产品开发小组	页	87

第四章　钢框架结构图纸识读

第一节　钢框架结构简介

钢框架结构是以钢梁、钢柱为主要抗侧力构件组成的结构形式。钢材具有强度高、自重轻的优点，一般用于建造大跨度和超高层的建筑物。钢材属于各向同性材料，材料延性、韧性好，可有较大变形，能很好地承受动力荷载。其缺点是耐火性和耐腐蚀性较差。

章节号	第一节		钢框架结构简介		
审　核	第五元素	设　计	第五元素产品开发小组	页	91

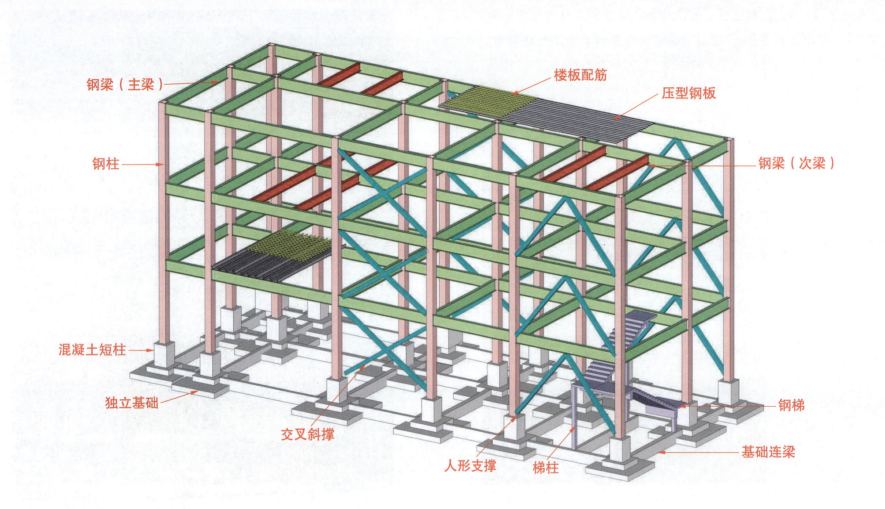

钢梁（主梁）

楼板配筋

压型钢板

钢柱

钢梁（次梁）

混凝土短柱

独立基础

交叉斜撑

人形支撑

梯柱

钢梯

基础连梁

一、钢梁

型钢梁一般用热轧成型的工字钢或槽钢等制成,多层建筑中的楼面梁和檩条等轻型梁还可以采用冷弯成型的Z型钢和槽钢。型钢梁加工简单、造价低廉,但型钢截面尺寸受到一定规格的限制。当荷载和跨度较大,采用型钢截面不能满足强度、刚度或稳定要求时,则采用组合梁。

组合梁由钢板或型钢焊接或铆接而成。由于铆接费工费料,常以焊接为主。常用的焊接组合梁为由上、下翼缘板和腹板组成的工形截面和箱形截面,后者较费料,且制作工序较繁,但具有较大的抗弯刚度和抗扭刚度,适用于有侧向荷载和抗扭要求较高或梁高受到限制等情况。

二、钢柱

钢柱分为很多种,最常见的为厂房钢柱和高层建筑钢柱。其中高层建筑项目的钢柱俗称"钢骨柱",其作用是用于支撑整个建筑物的核心。而高层建筑钢柱常见的有箱形柱、十字柱、圆管柱。

其中高层建筑钢柱式型钢混凝土结构是在钢结构柱、梁周围配置钢筋,浇筑混凝土,钢构件同混凝土连成一体,共同作用的一种结构。这种结构具有钢结构和钢筋混凝土结构的双重优点,充分发挥了混凝土受压和钢材受拉两种不同材料的特性。同时降低梁、柱截面面积,大大提高建筑物的利用空间。

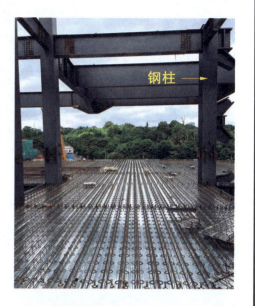

章节号	第二节	钢框架结构主要构件介绍		
审 核	第五元素	设 计	第五元素产品开发小组	页 93

三、楼面板

现浇钢筋混凝土楼板在钢结构住宅中,常用的有压型钢板和钢筋桁架楼承板。压型钢板混凝土组合楼板采用的是压型钢板作为现浇混凝土的永久性模板,克服了现浇钢筋混凝土楼板的层层支模、施工烦琐的缺点,钢筋桁架楼承板是把楼板中的钢筋在工厂中加工成钢筋桁架,底部跟底模连成一体,形成组合模板,受力简单直观,在施工阶段为模板提供刚度,并且在使用阶段受力,所以受到了非常充分的利用,并且大大地减少了钢筋的现场绑扎,有利于机械化的生产。

四、耳板

耳板就是连接板或节点板。使相分离的两个或多个结构件,连接为一个整体的结构件。它的样式结构非常多,有矩形板、多边形板、异形板等,种类一般有钢柱连接板、隔撑连接板、系杆连接板、水水平支撑连接板、柱间支撑连接板几种。

未连接前

未焊接前

焊接切割后

五、柱间支撑

柱间支撑是为保证建筑结构整体稳定、提高侧向刚度和传递纵向水平力而在相邻两柱之间设置的连系杆件。

钢框架-支撑体系是高层钢结构常用的双重抗侧力体系的一种，其中支撑类似于框架-剪力墙中的剪力墙构件。目前作为一种经济、绿色、有效的抗震结构体系被应用于高层建筑结构中。

柱间支撑焊接连接

六、钢梯

钢结构楼梯相较于传统钢筋混凝土楼梯，施工工期短，节省成本，材料可以回收，是绿色环保型的建筑备受青睐的因素。钢结构楼梯多是采用焊接的方式进行安装，安装完毕后，再对楼梯进行二次施工，通常采用瓷砖、木地板、地坪漆等材料进行饰面。

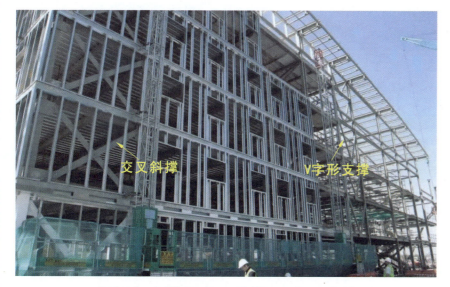

钢框架支撑的交叉斜撑和V字形支撑

章节号	第二节	钢框架结构主要构件介绍		
审核	第五元素	设计	第五元素产品开发小组	页

如何看钢框架结构图纸？

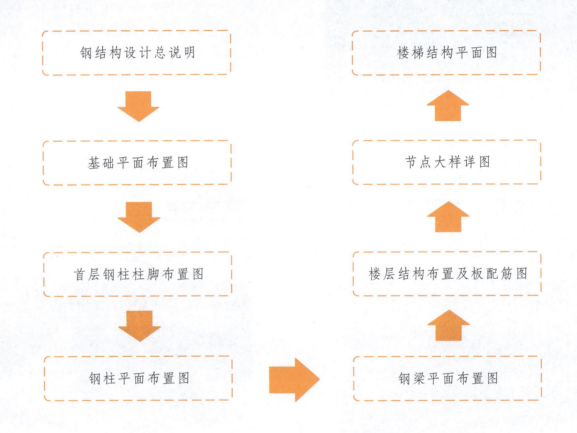

章节号	第三节		钢框架结构图纸的识读			
审　核	第五元素	设　计	第五元素产品开发小组	页		96

图纸简略

基础平面布置图

章节号	第三节		钢框架结构图纸的识读		
审　核	第五元素	设　计	第五元素产品开发小组	页	97

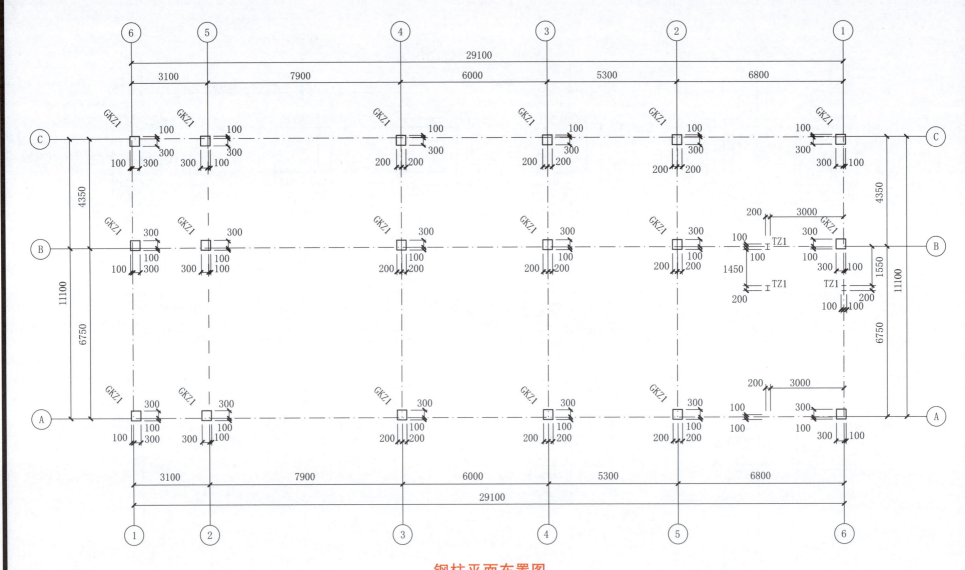

钢柱平面布置图

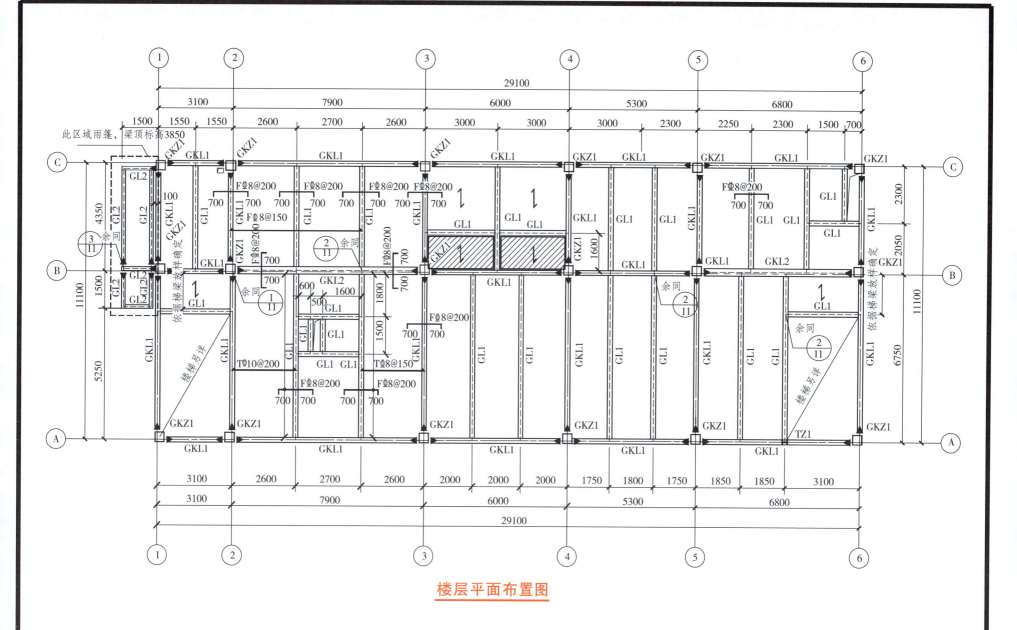

楼层平面布置图

看图要点：柱梁位置、节点连接，楼梯，支撑。

一、节点的分类

分类	节点类型
节　　点 （两个或多个 构件相交产生）	门式刚架柱梁节点
	框架柱钢梁节点
	主次梁节点
	托柱托梁节点
	支撑节点
	系杆节点
	相贯节点
	球节点
细　　部 （一个或多个零件 附属在一个主构件 的情况，有很明确 的归属关系）	柱脚
	柱帽、柱顶
	预埋件
	加劲肋、隔板
	柱顶盖板
	柱身环板
	吊车梁牛腿、肩梁
	人孔、管道孔
	格构柱缀条
	栓钉
	其他

二、钢框架结构的节点形式

刚接和铰接的区别：从表现形式来看，两个构件相连，能够转动的就是铰接，不能够转动的就是刚接。从力学形式来看，刚接就是能够传递弯矩的连接，铰接就是不能够传递弯矩的连接。在钢结构实际应用中，常见的焊接为刚接，螺栓连接可能为刚接，也可能为铰接。转动并没有那么大的幅度，只是很小的一个转角，甚至肉眼无法看见。

刚接	铰接	拼接	钢梁的翼缘	钢梁的腹板
承受弯矩和剪力	仅承受剪力	等强连接	主要承受弯矩	主要承受剪力

（一）梁柱节点

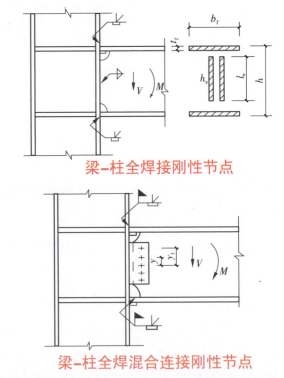

梁-柱全焊接刚性节点

梁-柱全焊混合连接刚性节点

（二）梁梁节点

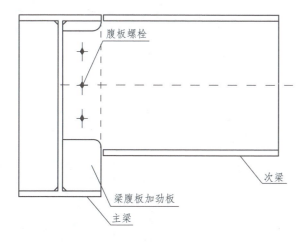

梁–梁铰接节点

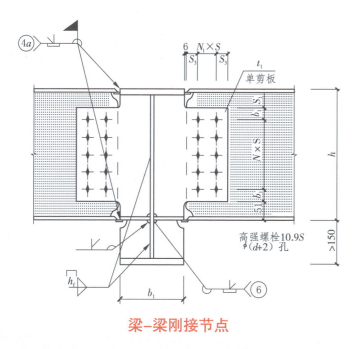

梁–梁刚接节点

三、钢柱的注写内容

（1）在平面布置图中,钢柱的注写内容一般包括编号、与轴线的关系,即定位等。

（2）钢柱的编号包括钢柱的类型代号、序号,另外以列表形式表示出截面尺寸、材质等项内容。

柱类型	图示	代号	编号举例	截面尺寸（mm） 高×宽× 腹板厚×翼缘厚	变截面处标高	材质
钢框架柱	GKZ	XX	GKZ1	H400×400×12×18	7.8	Q235B
			GKZ2	□400×400×18×18		
楼梯柱	GTZ	XX	GTZ1	H200×200×8×12		

（3）柱的变截面处宜位于框架梁上方1.3m附近,同时考虑现场接长的施工方便与否。如平面布置图中的基准标高为6.500m,层高3.6m,则变截面位置可设置在标高7.800处。

（4）钢柱与轴线的关系,钢柱宜轴线居中布置,如有偏轴应注明偏轴尺寸。

章节号	第四节		钢柱连接节点识图		页	101
审 核	第五元素	设 计	第五元素产品开发小组			

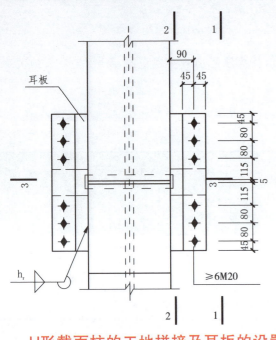

耳板

90
45 45

45
80
80
115
5
115
80
45

h_r

3

≥6M20

H形截面柱的工地拼接及耳板的设置构造

（翼缘采用全熔透的坡口对接焊缝连接，
腹板采用摩擦型高强度螺栓连接）

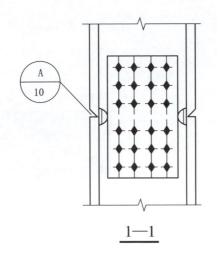

A
10

1—1

连接板

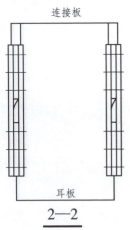

耳板

2—2

耳板

连接板

h_f

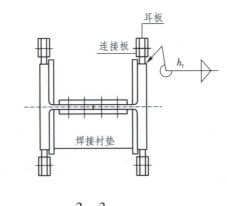

焊接衬垫

3—3

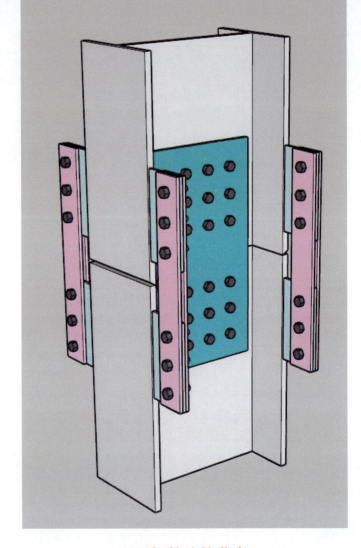

H形钢柱连接节点

章节号	第四节	钢柱连接节点识图			
审 核	第五元素	设 计	第五元素产品开发小组	页	102

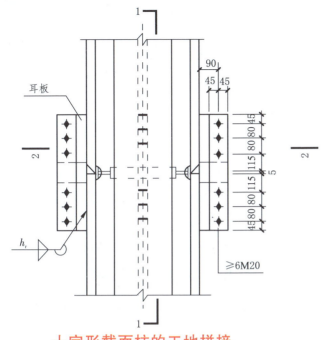

耳板

90
45 | 45

45 | 80 | 115 | 80 | 80 | 45

h_r

≥6M20

十字形截面柱的工地拼接
（翼缘采用全熔透的坡口对接焊缝连接，
腹板采用摩擦型高强度螺栓连接）

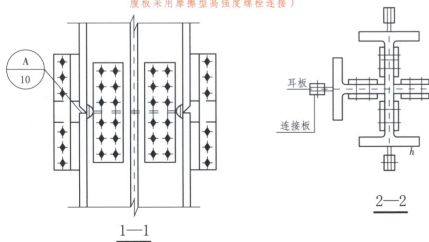

A
10

耳板

连接板

h

1—1

2—2

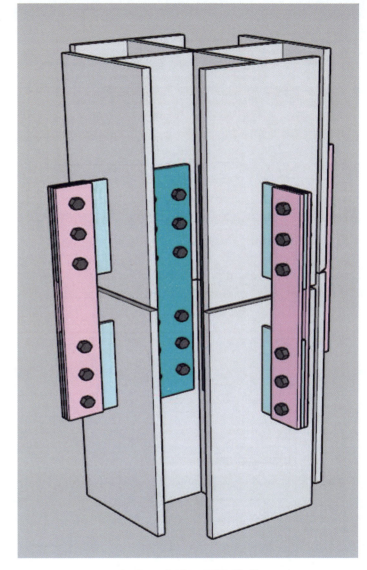

十字形钢柱连接节点

章节号	第四节	钢柱连接节点识图		
审 核	第五元素	设 计	第五元素产品开发小组	页 103

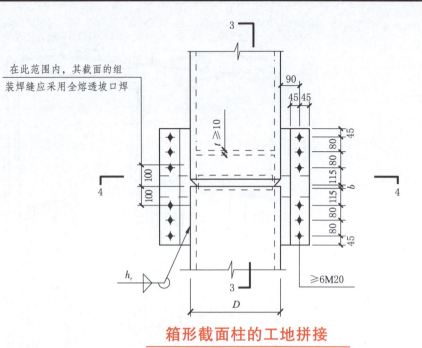

在此范围内，其截面的组装焊缝应采用全熔透坡口焊

$t \geq 10$

h_r

D

90

45 45

45

80

80

115 b

115

80

80

45

$\geq 6M20$

3

3

4

4

箱形截面柱的工地拼接

（箱壁采用全熔透的坡口对接焊缝连接）

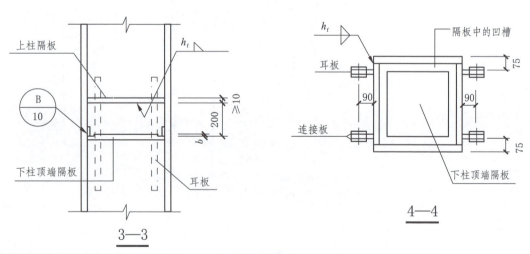

上柱隔板

h_f

B / 10

≥ 10

200

b

下柱顶端隔板

耳板

3—3

h_f

隔板中的凹槽

耳板

连接板

75

90

90

75

下柱顶端隔板

4—4

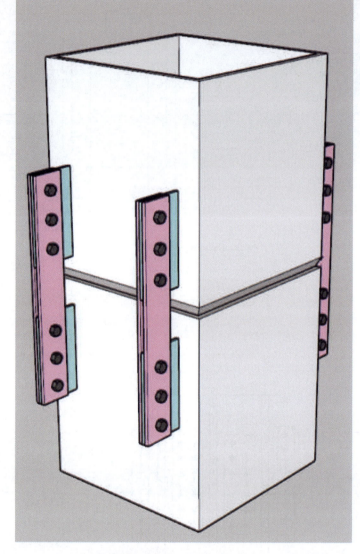

箱形钢柱连接节点

章节号	第四节		钢柱连接节点识图		
审 核	第五元素	设 计	第五元素产品开发小组	页	104

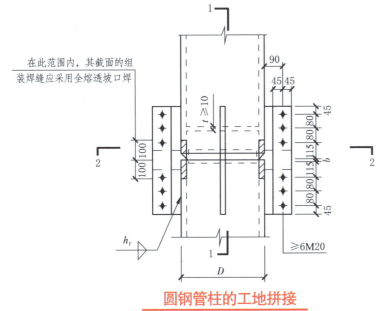

在此范围内，其截面的组装焊缝应采用全熔透坡口焊

$t \geq 10$

$\geq 6M20$

h_f

D

90
45 45
45
80
80
115
b
115
80
80
45
100 100

圆钢管柱的工地拼接

（管壁采用全熔透的坡口对接焊缝连接）

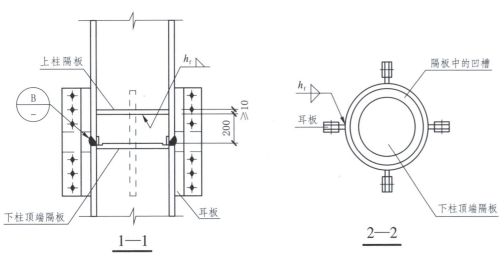

上柱隔板

h_f

≥ 10

200

B
—

下柱顶端隔板

耳板

1—1

h_f

隔板中的凹槽

耳板

下柱顶端隔板

2—2

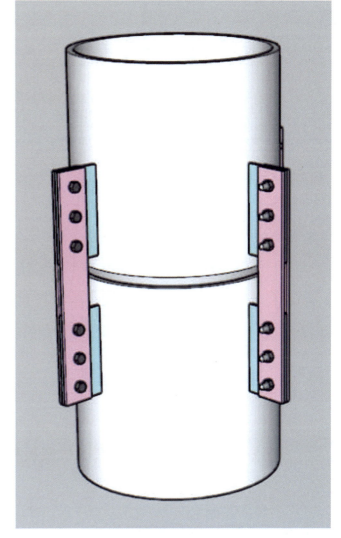

圆钢管柱连接节点

章节号	第四节	钢柱连接节点识图		
审 核	第五元素	设 计	第五元素产品开发小组	页 105

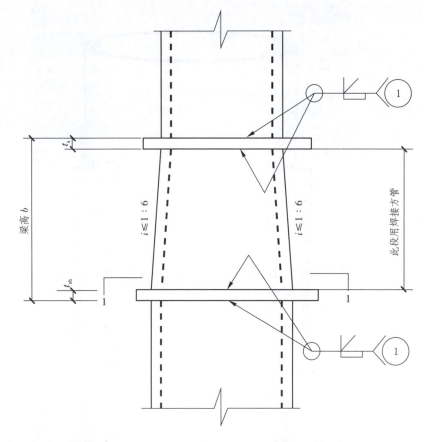

梁高 b

t_s

$i \leqslant 1:6$　$i \leqslant 1:6$

此段用焊接方管

t_{sh}

1

1

1

1

方管柱的工厂拼接（设置贯通式隔板）

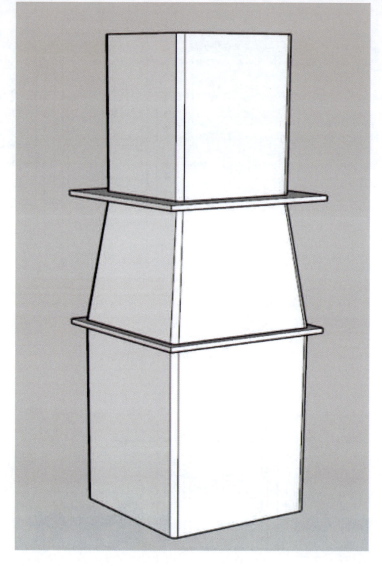

箱形柱变截面连接节点

章节号	第四节	**钢柱连接节点识图**		
审　核	第五元素	设　计	第五元素产品开发小组	页　106

一、钢构件连接方式

(1)钢梁与钢柱的关系,钢梁中心线宜与钢柱中心线重合。钢梁与钢柱的连接方式有两种,刚接、铰接,在平面布置图中应按下表形式表示。

连接方式	图示
构件铰接	
构件刚接	

(2)钢柱宜采用柱立面图或柱表的方式,表示出柱变截面处或接长处的标高。如图(a)、(b)中的节点注写表示的是三个方向上钢梁与钢柱的连接。

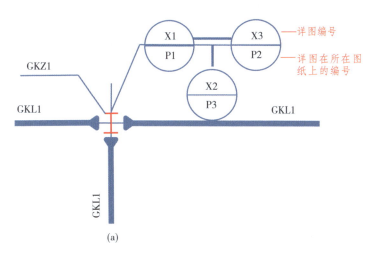

(a)

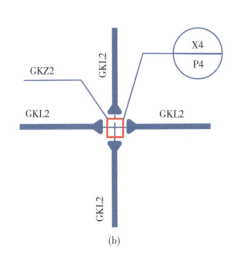

(b)

章节号	第五节			梁柱连接节点识图		
审 核	第五元素	设 计		第五元素产品开发小组	页	107

二、梁柱结构平面布置图识读

如果每个方向钢梁截面以及与钢柱的连接形式均相同,可用一个索引号表示。如下图中GKZ2、GKZ3与梁汇交节点均为同类,注写一次即可。

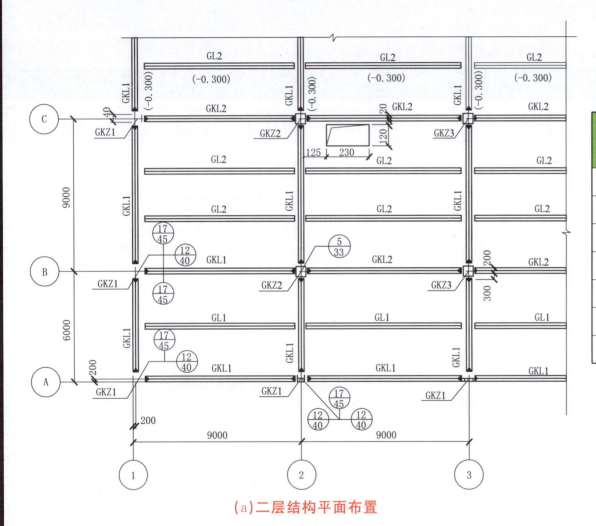

(a)二层结构平面布置

(b)钢结构截面表

构件编号	截面尺寸(mm) (高×宽×腹板厚×翼缘厚)	说明
GKL1	H700×300×14×18	焊接 H 形梁 Q345B
GKL2	H600×180×10×12	
GL1	H500×220×8×14	
GL2	H500×220×8×12	
GKZ1	H400×400×12×18	
GKZ2	□500×500×22×22	焊接箱形柱 Q345B
GKZ3	□500×500×22×22	

章节号	第五节	梁柱连接节点识图		
审 核	第五元素	设 计	第五元素产品开发小组	页 108

三、梁柱通用节点大样

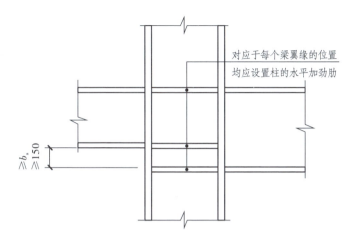

对应于每个梁翼缘的位置均应设置柱的水平加劲肋

$\geq b_s$
≥ 150

不等高梁与柱的刚性连接构造（一）
（当柱两侧的梁底高差≥150且不小于水平加劲肋外伸宽度时的做法）

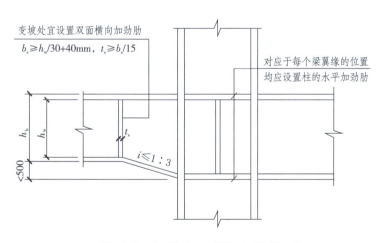

变坡处宜设置双面横向加劲肋
$b_s \geq h_w/30+40mm$，$t_s \geq b_f/15$

对应于每个梁翼缘的位置均应设置柱的水平加劲肋

h_b
h_w
t_w
$i \leq 1:3$
<500

不等高梁与柱的刚性连接构造（二）
（当柱两侧的梁底高差＜150时的做法）

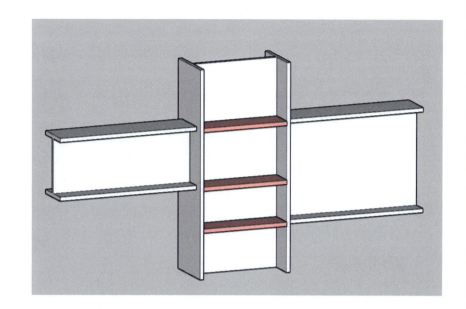

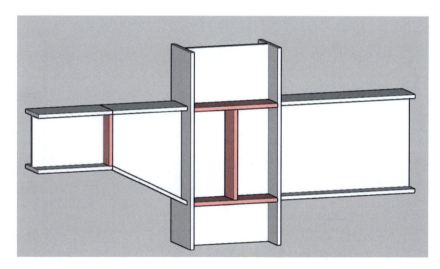

章节号	第五节		梁柱连接节点识图		
审 核	第五元素	设 计	第五元素产品开发小组	页	109

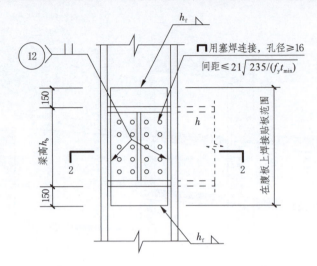

用塞焊连接，孔径≥16

间距 $\leqslant 21\sqrt{235/(f_y t_{min})}$

梁高 h_b

h

在腹板上焊接贴板范围

H形钢柱腹板在节点域的补强措施（一）

（当节点域厚度不足部分小于腹板厚度时，用单面补强。当超过腹板厚度时则用双面补强。补强时，将补强板伸过水平加劲肋，与柱翼缘用填充对接焊，与腹板用角焊缝连接，在板域范围内用塞焊连接）

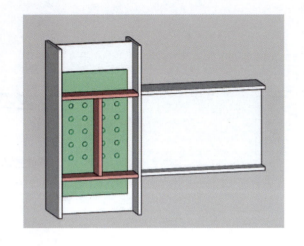

框架梁与箱形柱隔板贯通式连接

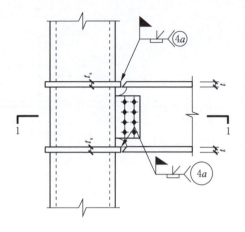

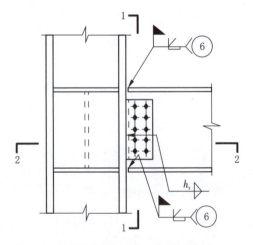

h_f

框架横梁与H形中柱刚接

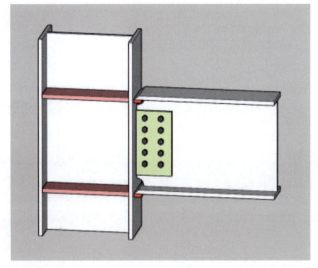

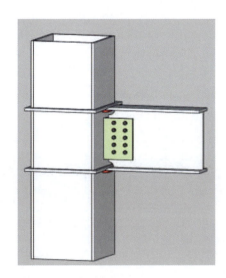

章节号	第五节		梁柱连接节点识图		
审 核	第五元素	设 计	第五元素产品开发小组	页	110

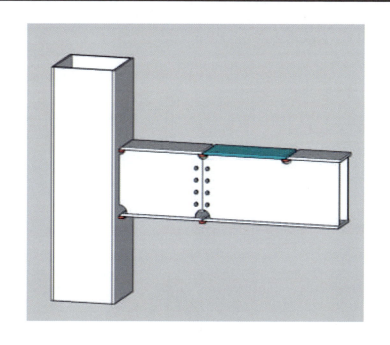

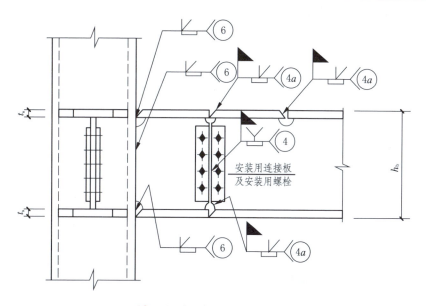

箱形梁与箱形柱的刚性连接

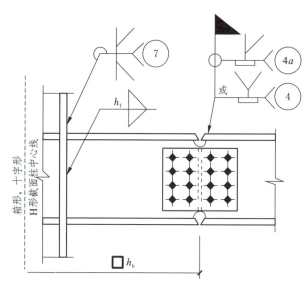

安装用连接板
及安装用螺栓

悬臂梁段与柱强轴为全焊连接与中间梁段为栓焊连接

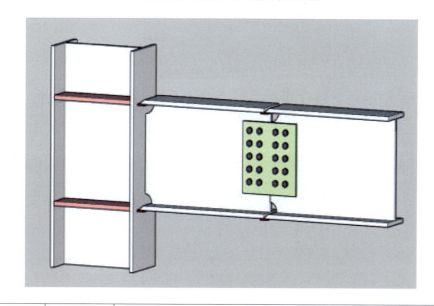

章节号	第五节		梁柱连接节点识图		
审 核	第五元素	设 计	第五元素产品开发小组	页	111

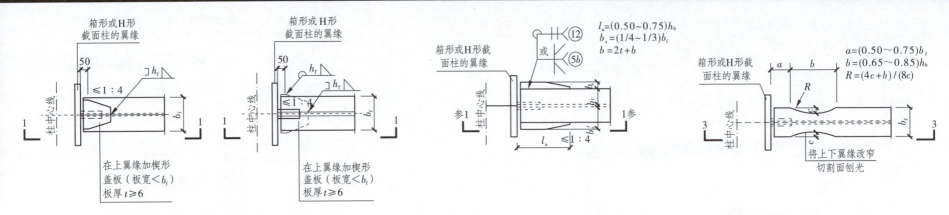

箱形或H形截面柱的翼缘

50

≤1:4

h_f

柱中心线

b_t

1 —— 1

在上翼缘加楔形盖板（板宽＜b_t）板厚 $t≥6$

箱形或H形截面柱的翼缘

50

h_f

≤1:4

h_f

柱中心线

b_t

1 —— 1

在上翼缘加楔形盖板（板宽＜b_t）板厚 $t≥6$

$l_a=(0.50～0.75)h_b$
$b_s=(1/4～1/3)b_t$
$b=2t+b$

12
或
5b

箱形或H形截面柱的翼缘

柱中心线

参1

l_a

≤1:4

1 参

$a=(0.50～0.75)b_t$
$b=(0.65～0.85)h_b$
$R=(4c+b)/(8c)$

箱形或H形截面柱的翼缘

柱中心线

a b

R

c

c

3 —— 3

b_t

将上下翼缘改窄切割面刨光

用楔形盖板加强框架梁梁端与柱的刚性连接　　**用梁端翼缘局部加宽加强框架梁梁端与柱的刚性连接**　　**骨式连接构造**

 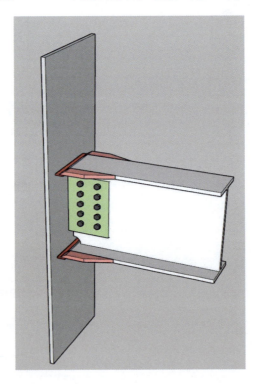 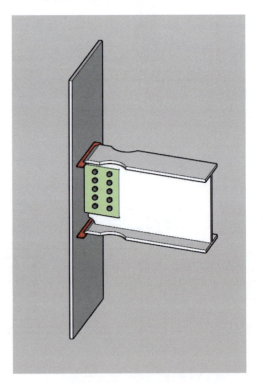

章节号	第五节		梁柱连接节点识图		
审　核	第五元素	设　计	第五元素产品开发小组	页	112

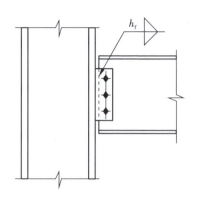

仅将梁腹板与焊于柱翼缘上
的连接板用高强度螺栓相连

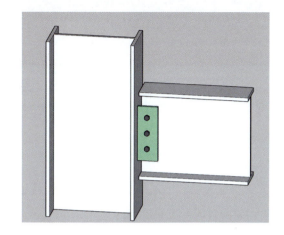

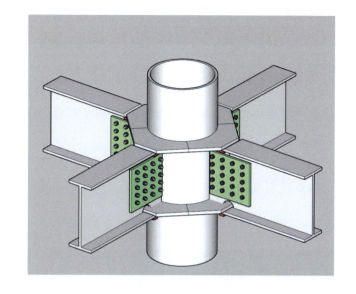

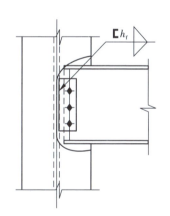

仅将梁腹板与焊于柱腹板上
的连接板用高强度螺栓相连

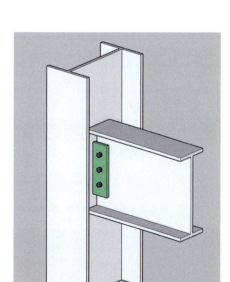

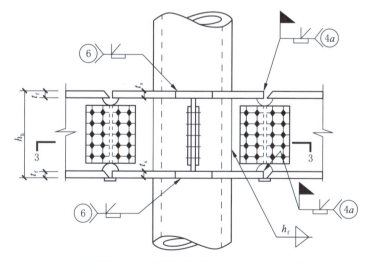

框架梁与圆管柱外环加劲式连接

章节号	第五节		梁柱连接节点识图		
审 核	第五元素	设 计	第五元素产品开发小组	页	113

第六节　钢结构支撑节点识图

一、支撑的注写

（1）在立面图中，钢支撑构件的注写内容有三项，包含编号、支撑两端的定位。

（2）钢支撑构件的编号包括钢支撑的类型代号、序号、截面尺寸、材料等内容，如果钢支撑的强轴在框架平面外，则还应在截面尺寸后加注（转），如下表所示。

支撑类型表

构件类型	代号	序号	编号举例	截面尺寸(mm) (高×宽×腹板厚×翼缘厚)	材质
钢支撑		XX	GC1	H400×400×12×18	Q235—B
钢支撑	GC	XX	GC2	□400×400×16×16	Q235—B
钢支撑（转轴）		XX	GC3	H400×400×12×18（转）	Q235—B

注：截面相同而长度不同的支撑可以采用相同的编号。

（3）当结构布置中设有支撑时，应在平面图中注明支撑编号，并且虚线表示，如下图所示。

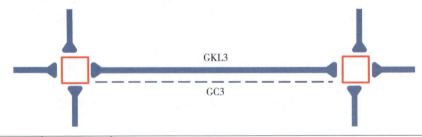

（4）钢支撑轴线如交汇于梁、柱轴线的交点，则无需定位，如偏离交点，则需要注明与交点偏离的距离。如下图中支撑与梁、柱交点的偏离距离 e_1 为 500mm。

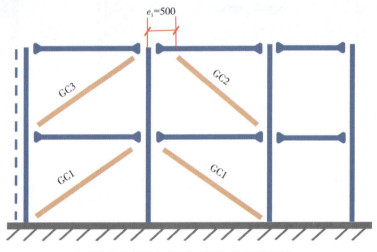

立面布置图中钢支撑的注写规则

（5）当该立面的柱在其他方向的立面还有其他支撑与之相连时，另一方向支撑用虚线表示。

（6）钢支撑轴线的水平投影与梁轴线水平投影重合。

二、支撑节点的注写

其方式如下：

（1）在立面布置图中，节点主要表现支撑与梁、柱之间的关系，以及它们连接的情况。

（2）节点的注写以索引的方式表达，每个索引表示的是该方向上的钢支撑与梁、柱的连接。

（3）节点的每一个索引应与索引简图的节点形式相对应。

章节号	第六节	设　计	钢结构支撑节点识图		
审　核	第五元素	设　计	第五元素产品开发小组	页	114

（4）节点注写举例：如下图中的下部节点注写表示的是两个方向上支撑与梁、柱的连接。如果每个支撑与梁、柱的连接均相同，且支撑的截面也一样，则可用一个索引号表示（如下图的顶部节点）。

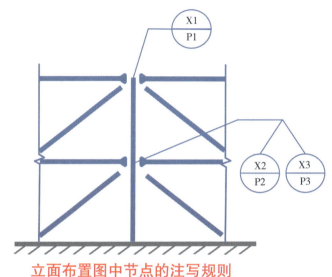

立面布置图中节点的注写规则

（5）一般可以用一个立面对上述内容同时注写。

三、立面注写举例（某工程 GKC1 立面布置图及构件截面表）

构件截面表

构件编号	截面尺寸（mm） （高×宽×腹板厚×翼缘厚）	材质
GKL1	H400×300×8×12	Q235－B
GKL2	H400×300×10×16	
GKZ1	H500×300×12×16	
GKZ2	H400×300×12×16	
GC1	H300×300×10×16	
GC2	H400×300×16×16（转）	

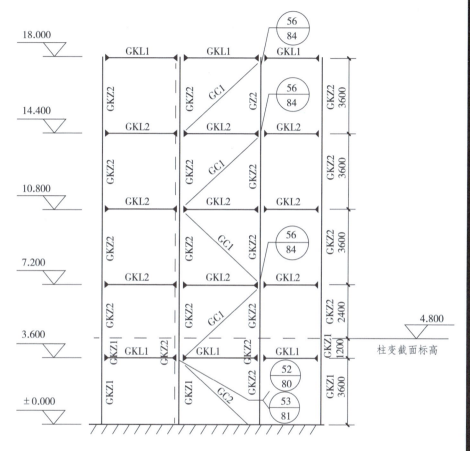

某工程GKC1立面布置图

章节号	第六节		**钢结构支撑节点识图**		
审　核	第五元素	设　计	第五元素产品开发小组	页	115

四、钢结构支撑中常见的几种形式

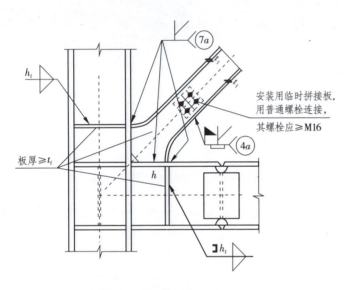

安装用临时拼接板,
用普通螺栓连接,
其螺栓应≥M16

板厚≥t_f

斜杆为H形悬臂杆的连接

（斜杆中圆弧半径≥200）

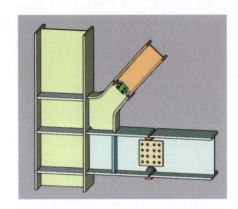

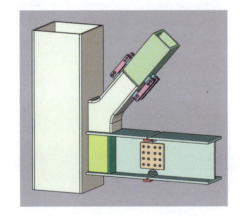

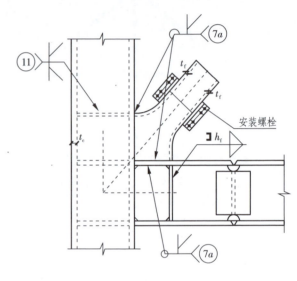

安装螺栓

箱形支撑与箱形柱的连接

章节号	第六节	钢结构支撑节点识图		
审　核	第五元素	设　计	第五元素产品开发小组	页　116

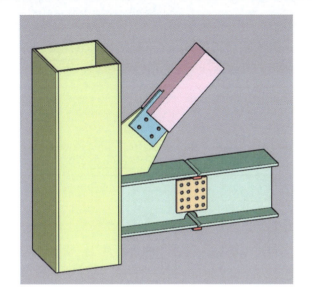

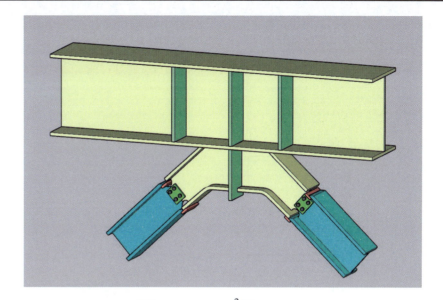

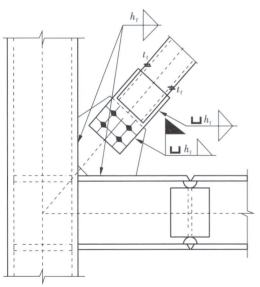

箱形支撑与箱形柱的节点板连接

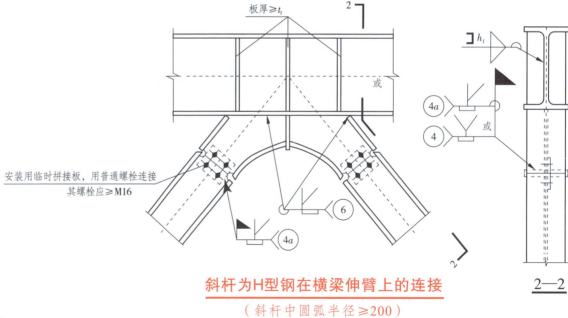

斜杆为H型钢在横梁伸臂上的连接
（斜杆中圆弧半径≥200）

安装用临时拼接板，用普通螺栓连接
其螺栓应≥M16

板厚≥t_f

2—2

章节号	第六节	钢结构支撑节点识图		
审 核	第五元素	设 计	第五元素产品开发小组	页 117

一、次梁和主梁的连接构造

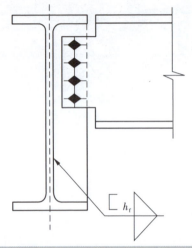

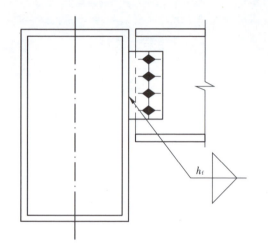

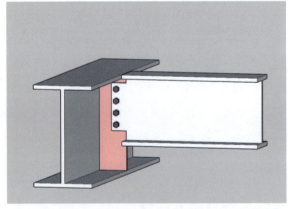

直接与主梁加劲板单面相连

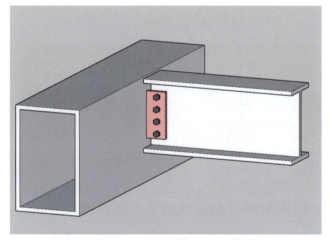

直接与箱形梁加劲板单面相连

章节号	第七节	其他常用节点大样图识读		
审　核	第五元素	设　计	第五元素产品开发小组	页	118

二、梁腹板洞口的补强措施

(1) 在抗震设防结构中,不应在隔撑范围内设孔。

(2) 腹板开孔有两种形式,分别为圆形孔和方形孔,当圆孔直径小于或等于h_b(梁高)/3时,孔边可不补强。

(3) 补强板件应采用与母材强度等级相同的钢材。

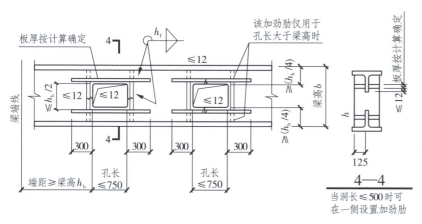

梁腹板矩形孔口的补强措施
(用加劲肋补强)

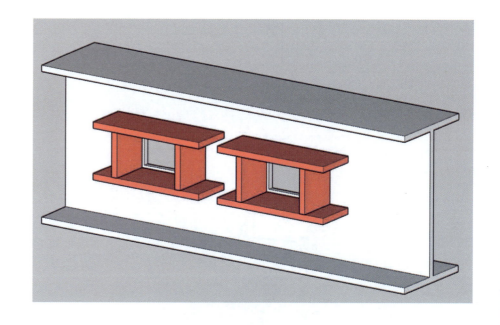

三、抗震设防时框架梁侧向支撑连接构造

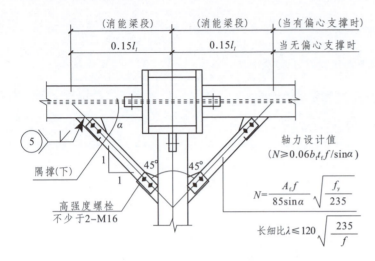

(消能梁段) (消能梁段) (当有偏心支撑时)

0.15l_l 0.15l_l 当无偏心支撑时

5

隔撑(下)

1 1 45° 45°

高强度螺栓
不少于2-M16

α

轴力设计值
($N \geq 0.06 b_t t_f f / \sin \alpha$)

$$N = \frac{A_t f}{85 \sin \alpha} \sqrt{\frac{f_y}{235}}$$

长细比$\lambda \leq 120 \sqrt{\dfrac{235}{f}}$

抗震设防时，在偏心支撑消能梁段两端的框架梁和一般框架梁，于框架梁下翼缘水平平面内须设置侧向支撑的连接构造

（括号内的数字仅用于偏心支撑消能梁段两端的侧向支撑）

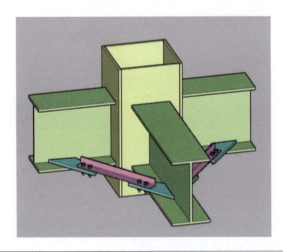

四、压型钢板支托节点构造

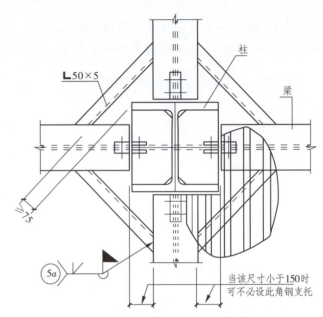

L50×5

柱

梁

75

5a

当该尺寸小于150时
可不必设此角钢支托

柱与梁交接处的压型钢板支托

章节号	第七节	其他常用节点大样图识读		
审 核	第五元素	设 计	第五元素产品开发小组	页 120

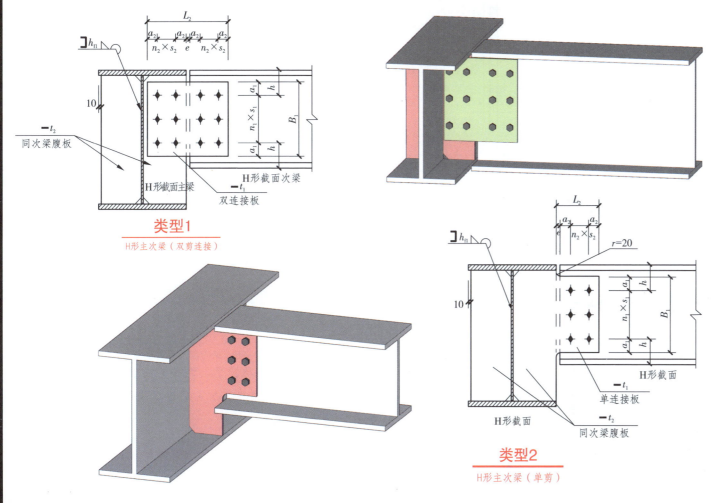

类型1

H形主次梁（双剪连接）

类型2

H形主次梁（单剪）

识图要点：

双面连接通过双连接板与主梁加劲肋和次梁腹板进行连接，单剪连接通过主梁加劲肋与次梁腹板进行连接。

加劲肋与主梁翼缘边间距10mm，厚度 t_2，同梁腹板厚度相同，与腹板采用三面围焊角焊缝进行焊接，焊缝高度 h_{f1}。

连接板厚度 t_1，宽度和高度分别为 L_2、b_1。垂直识读，边缘螺栓中心与连接板边距离为 a_1，螺栓排数 n_1，上下间距为 s_1。水平识读，边缘螺栓中心与连接板边距离为 a_2，螺栓排数 n_2，左右间距为 s_2。边缘螺栓中心与次梁翼缘的距离为 h。

类型2中，主梁加劲板弧形倒角半径为20mm。

章节号	第八节		施工蓝图案例解析		
审　核	第五元素	设　计	第五元素产品开发小组	页	121

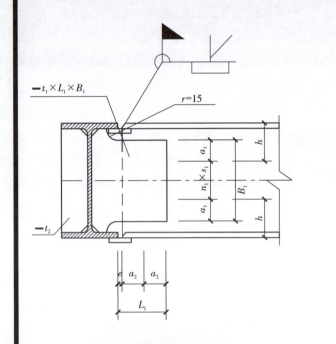

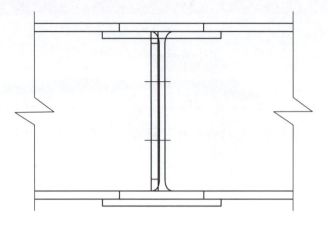

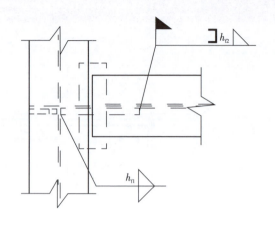

等高主梁钢接节点详图(H形截面，全焊刚接)

连接板材质均同母材

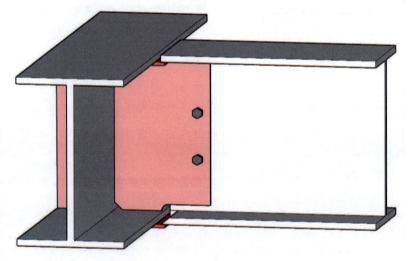

识图要点:

主梁与加劲板用安装螺栓与主梁腹板进行连接,加劲板厚度 t_1,与梁腹板连接处宽度 L_1,高度 B_1,弧形倒角半径为 15mm。

主梁的翼缘加垫板采用单边 V 形坡口焊现场焊接。边缘螺栓中心与连接板边距离为 a_1,螺栓排数 n_1,左右间距为 s_1,与加劲板右侧端部和主梁边缘间距 a_2,主梁翼缘焊缝间隙 e。

加劲板左边端部采用双面角焊缝,焊缝高度 h_{f1},加劲板与右侧腹板采用三面围焊角焊缝现场焊接,焊缝高度 h_{f2}(e、n_1、a_1、t_1、t_2、L_1、h_{f1}、h_{f2}、B_1 的数值可通过查询现场图纸参数表格进行取值)。

章节号	第八节	施工蓝图案例解析		
审 核	第五元素	设 计	第五元素产品开发小组	页 122

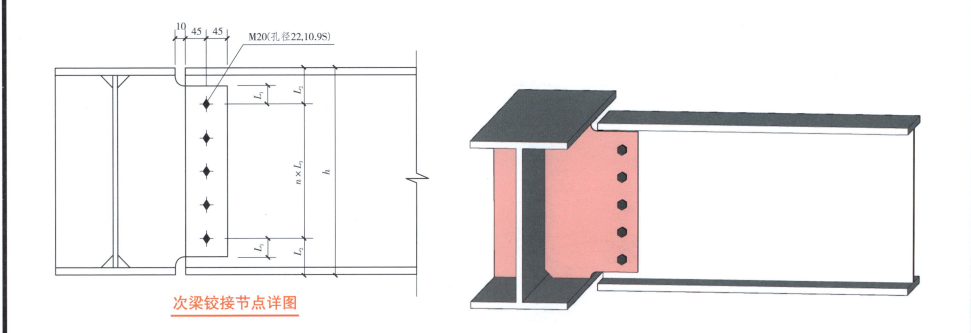

次梁铰接节点详图

识图要点：

次梁通过加劲板与次梁腹板进行连接，次梁高度为 h，交接处间隙 10mm，螺栓中心距连接板端部左右两边间距为 45mm。连接板螺栓孔直径为 22mm，采用直径 20mm 的 10.9 级大六角螺栓进行连接固定，边缘螺栓中心距连接板边距离为 L_1，距次梁翼缘板边距离为 L_2，螺栓之间中心点间距为 L_3（L_1、L_2、L_3、h 的数值可通过查询现场图纸参数表格进行取值）。

章节号	第八节	施工蓝图案例解析		
审 核	第五元素	设 计	第五元素产品开发小组	页 123

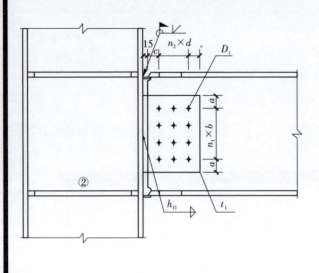

②

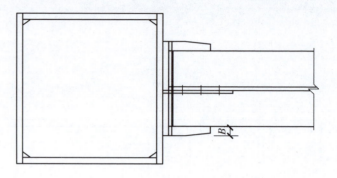

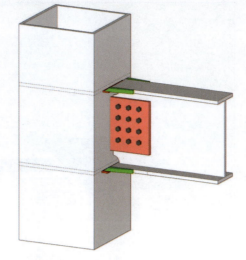

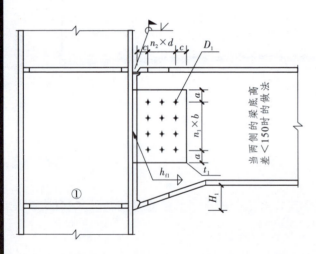

当两侧的梁底高差<150时的做法

①

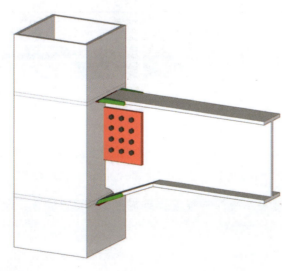

梁柱刚性连接节点图

（H形截面梁-箱形截面柱）

识图要点：

H形钢梁与箱形柱通过连接板进行连接，连接板型号 T_1，连接板与钢柱采用双面角焊缝 h_{f1} 进行焊接。钢柱与钢梁翼缘连接处加垫板采用单边V形坡口焊进行现场焊接。

高强度螺栓型号 D_1，垂直识读，边缘螺栓中心与连接板边距离为 a，螺栓排数 n_1，上下间距为 b。水平识读，边缘螺栓中心与连接板边距离为 c，螺栓排数 n_2，左右间距为 d。

当梁两侧的梁底高差 H_1 小于 $150mm$ 时，采取左下图中的H形钢梁加腋的做法。B_1 为梁端翼缘局部加宽宽度（a、c、n_1、n_2、D_1、t_1、H_1、h_{f1}、B_1 的数值可通过查询现场图纸参数表格进行取值）。

章节号	第八节	施工蓝图案例解析		
审 核	第五元素	设 计	第五元素产品开发小组	页 124

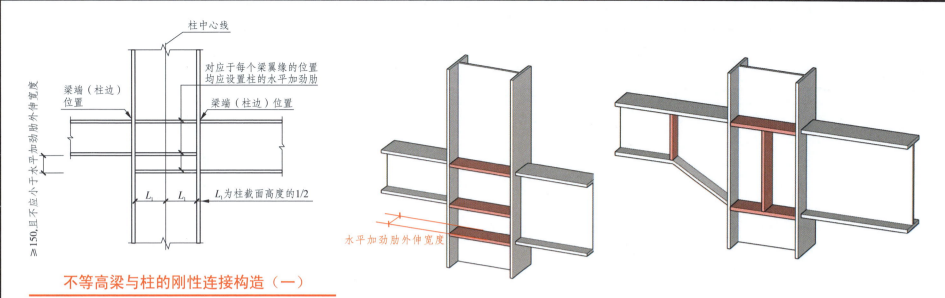

不等高梁与柱的刚性连接构造（一）

（当柱两侧的梁底高差≥150且不小于水平加劲肋外伸宽度时的做法）

识图要点：

构造（一）中不等高梁与柱子刚性连接构造的选择，主要是看梁底高差是否≥150且不小于水平加劲肋外伸宽度，翼缘与柱连接位置，均应设置水平加劲肋，提高柱子翼缘抗剪能力。

构造（二）中，梁截面高度为 h_b，腹板高度为 h_w，除翼缘与柱连接处设置水平加劲肋外，柱中部也要设置加劲肋，变坡处宜设置双面横向加劲肋，厚度为 t_s，外伸宽度为 b_s，加腋部分坡度度比为 $1(H_{jy})$：$3(L_{jy})$。

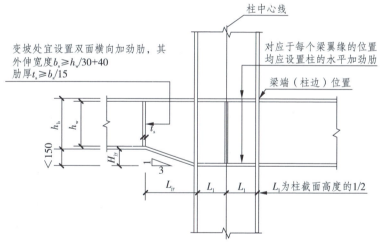

不等高梁与柱的刚性连接构造（二）

（当柱两侧的梁底高差＜150时的做法）

章节号	第八节	施工蓝图案例解析		
审　核	第五元素	设　计	第五元素产品开发小组	页 125

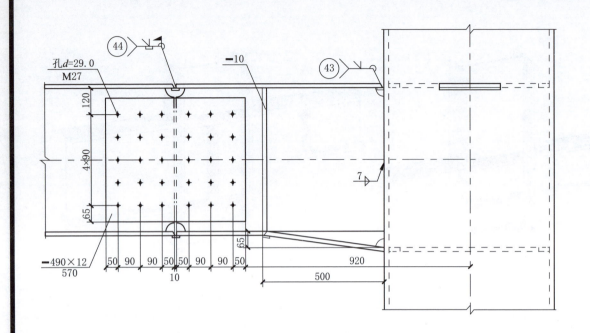

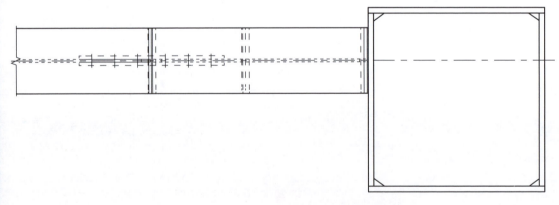

GL1与GKZ3连接大样

识图要点:

钢梁与钢框架柱连接,梁端加腋处与柱采用双面角焊缝进行焊接,焊缝高度7mm。梁翼缘与柱连接采用单边坡口焊,具体做法参照现场图纸焊缝图例43号,梁与梁翼缘采用加垫板单边坡口焊,现场安装时进行焊接,具体做法参照焊缝图例44号。

连接板长度570mm,宽度490mm,厚度12mm,螺栓孔尺寸29mm,螺栓直径27mm,螺栓垂直间距90mm,水平间距90mm,角部螺栓中心距连接板边分别为50mm、65mm。梁加腋处长度500mm,H型钢梁底与梁加腋底部高差65mm。

章节号	第八节	施工蓝图案例解析		
审 核	第五元素	设 计	第五元素产品开发小组	页 126

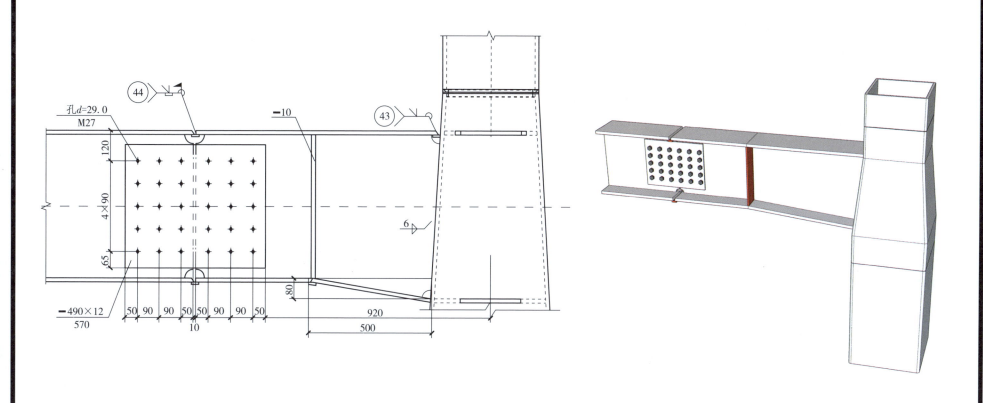

识图要点：

钢梁与变截面框架柱连接，梁端加腋处与柱采用双面角焊缝进行焊接，焊缝高度 6mm。梁翼缘与柱连接采用单边坡口焊，具体做法参照现场图纸焊缝图例 43 号，梁与梁翼缘采用加垫板单边坡口焊，现场安装时进行焊接，具体做法参照焊缝图例 44 号。

连接板长度 570mm，宽度 490mm，厚度 12mm，螺栓孔尺寸 29mm，螺栓直径 27mm，螺栓垂直间距 90mm，水平间距 90mm，角部螺栓中心距连接板边分别为 50mm、65mm。变坡处双面横向加劲肋，厚度为 10mm，梁加腋处长度 500mm，H 型钢梁底与梁加腋底部高差 65mm。

章节号	第八节	施工蓝图案例解析		
审 核	第五元素	设 计	第五元素产品开发小组	页	127

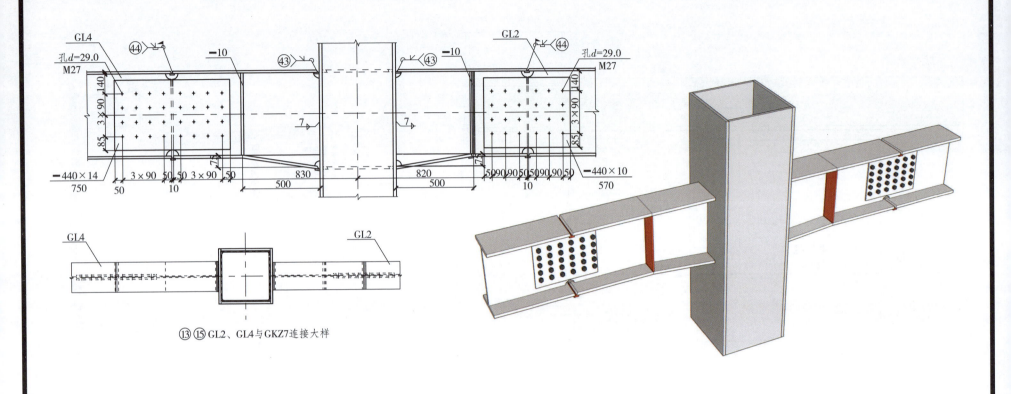

⑬⑮ GL2、GL4与GKZ7连接大样

识图要点:(GL2 与 GL4 类似,不同之处在于连接板的型号不同)

箱形框架中柱与左右两边钢梁连接,柱左右两端加腋处与柱采用双面角焊缝进行焊接,焊缝高度7mm。梁翼缘与柱连接采用单边坡口焊,具体做法参照现场图纸焊缝图例43号,梁与梁翼缘采用加垫板单边坡口焊,现场安装时进行焊接,具体做法参照焊缝图例44号。

GL4 的连接板长度750mm,宽度440mm,厚度14mm。螺栓孔尺寸29mm,螺栓直径27mm,螺栓垂直间距和水平间距90mm,角部螺栓中心距连接板边分别为 50mm、85mm。H 型钢梁底与梁加腋底部高差75mm。

章节号	第八节		施工蓝图案例解析		
审 核	第五元素	设 计	第五元素产品开发小组	页	128

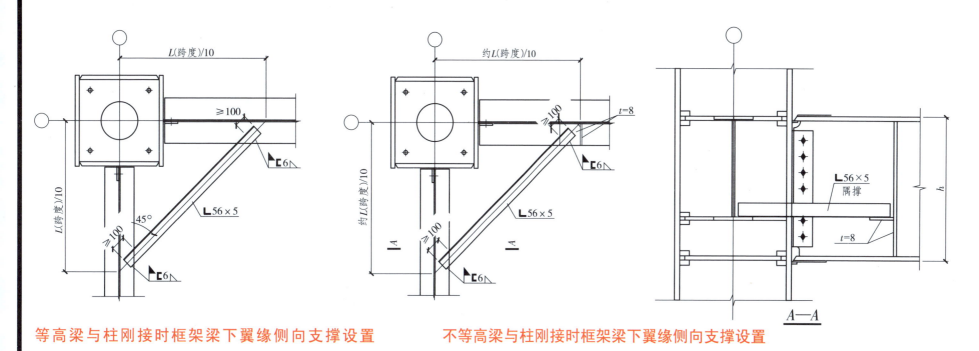

等高梁与柱刚接时框架梁下翼缘侧向支撑设置　　**不等高梁与柱刚接时框架梁下翼缘侧向支撑设置**

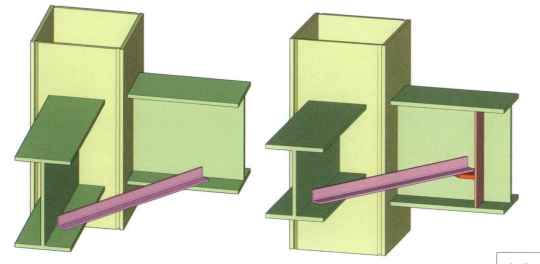

识图要点：

　　等高梁与不等高梁下翼缘侧向支撑设置时，前者通过隔撑与翼缘进行连接，后者通过隔撑与翼缘和连接板进行连接，连接位置距离柱中心约为梁跨度的1/10。隔撑采用等边角钢，肢宽56mm，厚度5mm，单侧伸入翼缘宽度大于或等于100mm，与翼缘连接处采用三面围焊角焊缝现场焊接，焊缝高度6mm。不等高梁红色加劲板与连接板厚度8mm。

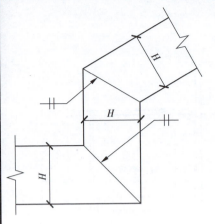

梯梁TB*折角做法大样

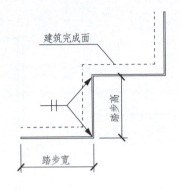

建筑完成面

踏步高

踏步宽

楼梯踏步大样

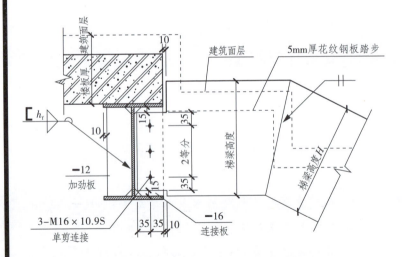

5mm厚花纹钢板踏步

建筑面层

梯梁高度

梯梁高度H

h_f

15

35

2等分

35

15

10

35 35 10

—12
加劲板

3-M16×10.9S
单剪连接

—16
连接板

梯梁TB*上端与钢梁连接大样

1.平台铺板采用6厚花纹钢板，铺板下设加劲扁钢，其最大间距400mm。

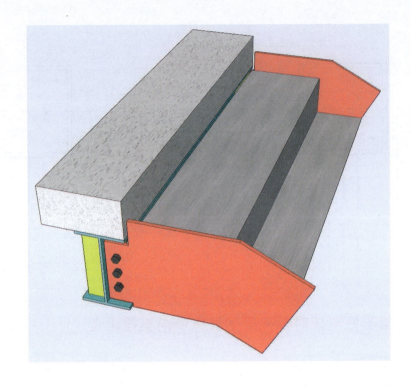

识图要点：

梯梁的高度为 H，接缝处采用全熔透焊缝进行连接。踏步接缝处同样采用全熔透焊缝进行连接。

钢梁上翼缘与楼板进行连接，楼梯两侧梯梁通过 3 颗直径 16mm 的 10.9 级螺栓与钢梁上 16mm 厚的连接板连接，螺栓间距根据实际情况进行 2 等分；同时在钢梁另一侧与梯梁同一垂直面设置厚度 12mm 的加劲肋，采用三边双面角焊缝焊接。楼梯踏步采用 5mm 厚花纹钢板踏步，后期在此基础上按图纸要求做相应面层。

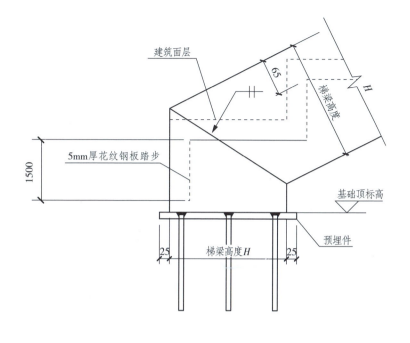

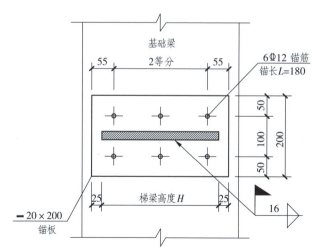

TB*下端与混凝土构件连接大样

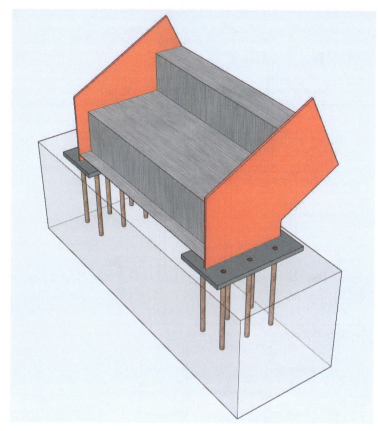

识图要点：

该大样主要是为了表达预埋件与楼梯的关系,梯梁高度为 H,接缝处采用全熔透焊缝进行连接,踏步高度 150mm,梯梁顶部与花纹钢板踏步阳角距离为 65mm。

锚板宽度为 200mm,长度为（ $H+25+25$ ）mm,锚板内设 6 根直径 12mm 的锚筋,长度 180mm,梯梁与锚板采用双面角焊缝进行现场焊接,焊缝高度 16mm。

章节号	第八节	施工蓝图案例解析		
审 核	第五元素	设 计	第五元素产品开发小组	页 131

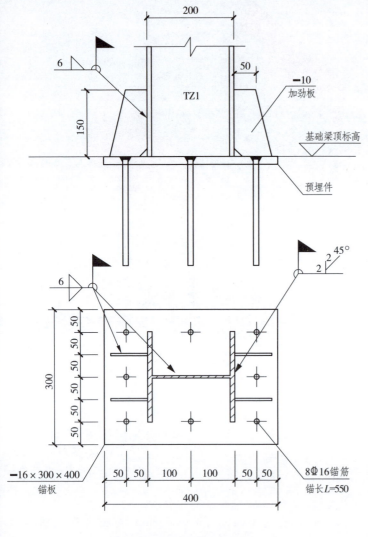

TZ1柱脚大样

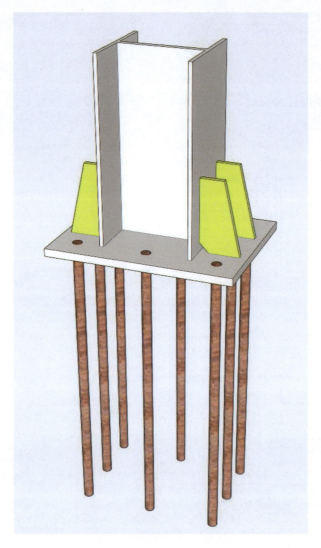

识图要点：

梯柱翼缘与加劲板采用单面角焊缝进行现场焊接，焊缝高度6mm，加劲板厚度100mm，高度150mm，上宽50mm，预埋件顶面同基础梁顶标高一致。

锚板厚度16mm，长度400mm，宽度300mm。采用8根直径16mm，长度550mm的锚筋按图示要求间距进行布置。

梯柱1腹板和加劲肋与锚板连接处采用双面角焊缝进行现场焊接，焊缝高度6mm；梯柱翼缘板与柱脚锚板采用单边坡口焊缝进行连接，坡口角度45°，焊缝间隙2mm，翼缘板钝边2mm。

章节号	第八节	施工蓝图案例解析		
审 核	第五元素	设 计	第五元素产品开发小组	页 132

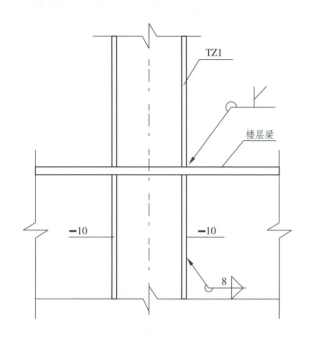

梁上立梯柱大样

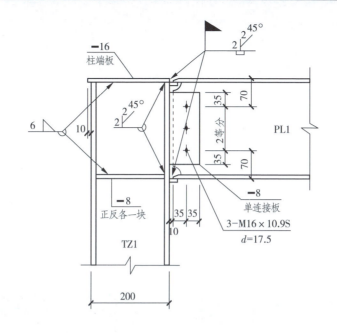

TZ1与PL1强轴刚接连接节点

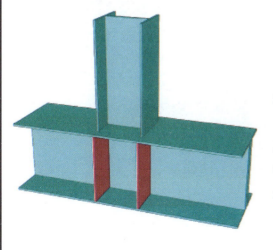

识图要点：

梁上立梯柱时，梯柱翼缘与楼层梁翼缘采用单边坡口焊进行连接，楼层梁内与梯柱翼缘同一垂直面用10mm加劲肋进行补强，加劲肋与楼层梁腹板采用双面角焊缝进行焊接，焊缝高度8mm。

梯柱1与平台梁1连接，柱内与梁翼缘同一水平面部位，分别设置厚度16mm的柱端板和8mm的加劲肋，采用单面角焊缝与柱腹板进行焊接，焊缝高度6mm。平台梁通过8mm厚的连接板与梯柱进行连接，安装螺栓3颗，等级为10.9级，直径16mm，螺栓孔直径17.5mm，螺栓安装位置如图中标注所示。梁翼缘与柱连接处采用单边坡口焊，加垫板进行焊接，焊缝间隙2mm，钝边2mm，坡口角度为45°。

章节号	第八节		施工蓝图案例解析	
审　核	第五元素	设　计	第五元素产品开发小组	页　133

第九节　楼板层构造

　　根据材料的不同,楼板可分为木楼板、钢筋混凝土楼板和压型钢板组合楼板等几种类型。木楼板构造简单,自重轻,保温性能好,但耐火和耐久性差。钢筋混凝土楼板强度高,刚度好,耐久性及防火性好,而且便于工业化施工,是目前采用最为广泛的一种楼板。压型钢板组合楼板是利用压型钢板作为楼板的受弯构件和底模,上面现浇混凝土而成。这种楼板的强度和刚度较高,而且有利于加快施工进度,是目前大力推广应用的一种新型楼板。

　　当压型钢板仅作模板用时,可不做防火保护层,比当作组合楼板使用经济。但其钢板厚度不得小于0.5mm,并应采用镀锌钢板。当压型钢板除用作混凝土楼板的永久性模板外,还充当板底受拉钢筋参与结构受力时,组合楼板应进行耐火验算与防火设计。当组合楼板不满足耐火要求时,应对组合楼板进行防火保护。

一、楼面压型钢板构造

用压型钢板做模板的混凝土楼板,仅考虑单向受力,其肋板方向即为板跨方向。可按常规的钢筋混凝土密肋板进行设计。

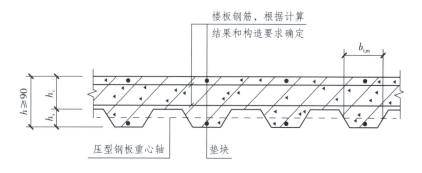

开口型压型钢板大样

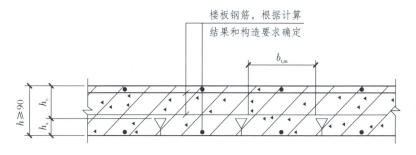

闭口型压型钢板大样

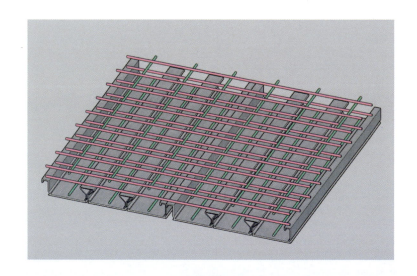

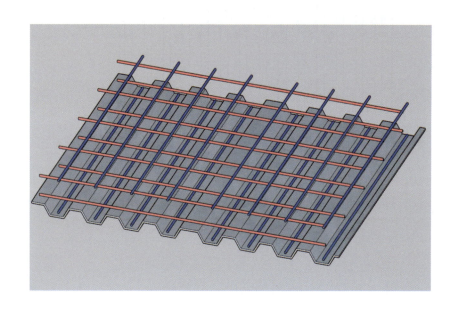

章节号	第九节	楼板层构造		
审 核	第五元素	设 计	第五元素产品开发小组	页 135

压型钢板开孔,宜采取加强措施。当板上开洞且较大时,应在洞口周围配置附加筋,附加钢筋的总面积应不小于压型钢板被削弱部分的面积。

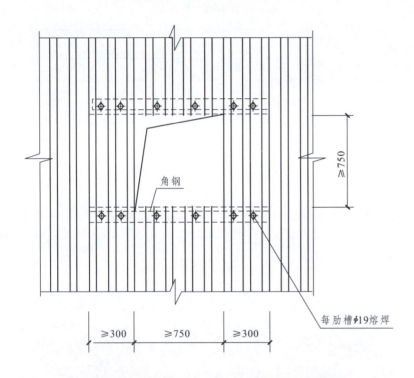

压型钢板开孔300～750mm时的加强措施
(压型钢板的波高不宜小于50mm，洞口小于300mm时可不加强)

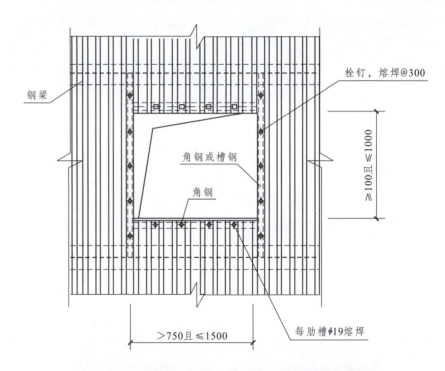

压型钢板开孔750～1500mm时的加强措施

章节号	第九节	楼板层构造			
审 核	第五元素	设 计	第五元素产品开发小组	页	136

二、钢筋桁架楼承板构造

(1)钢筋桁架板底模,施工完成后需永久保留的,底模钢板厚度不应小于0.5mm;底模施工完成后需拆除的,可采用非镀锌板材,其净厚度不宜小于0.4mm。本图所示钢筋桁架楼承板为不拆除底模的产品。

(2)钢筋桁架杆件钢筋直径按计算确定,但弦杆钢筋直径不应小于6mm,腹杆钢筋直径不应小于4mm。

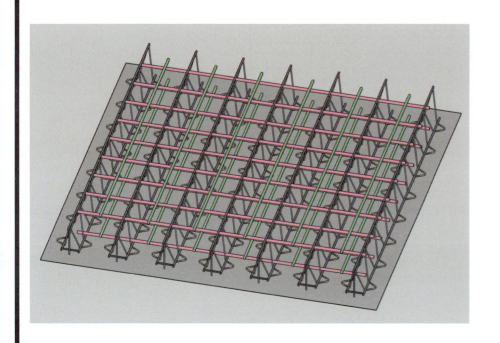

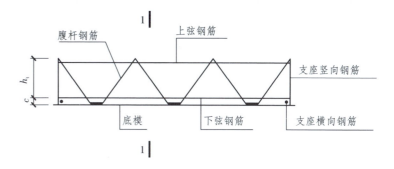

钢筋桁架杆件大样

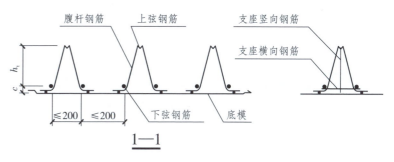

支座钢筋示意

（现场切割后，支座竖向与支座水平钢筋现场焊接）

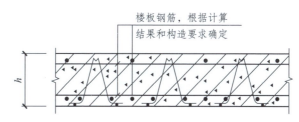

钢筋桁架组合楼板大样

章节号	第九节		楼板层构造		
审 核	第五元素	设 计	第五元素产品开发小组	页	137

(3)支座水平钢筋和竖向钢筋直径,当钢筋桁架高度不大于100mm时,直径不应小于10mm和12mm;当钢筋桁架高度大于100mm时,直径不应小于12mm和14mm;当考虑竖向支座钢筋承受施工阶段的支座反力时,应按计算确定其直径。

(4)图中,h——钢筋桁架高度;c——钢筋保护层厚度;h——楼板厚度;d——下弦钢筋直径;l_a——受拉钢筋锚固长度。

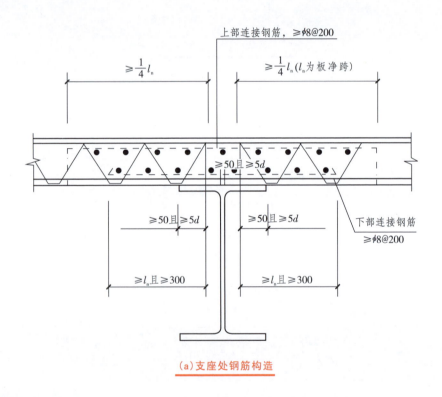

(a)支座处钢筋构造

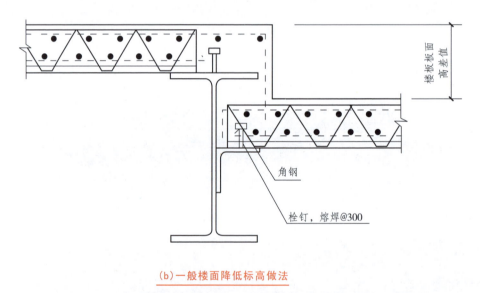

(b)一般楼面降低标高做法

章节号	第九节		楼板层构造		
审 核	第五元素	设 计	第五元素产品开发小组	页	138

(5)栓钉抗剪连接件构造如下图所示:

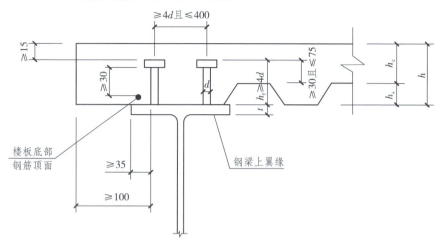

栓钉抗剪连接件构造（垂直梁长度方向）

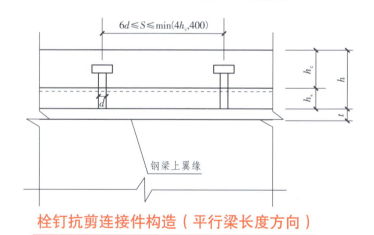

栓钉抗剪连接件构造（平行梁长度方向）

三、屋面构造

屋顶的形式与建筑的使用功能、屋顶材料、结构类型以及建筑造型要求等有关。由于这些因素不同,便形成了平屋顶、坡屋顶以及曲面屋顶、折板屋顶等多种形式。

平屋顶通常是指屋面坡度小于5%的屋顶,常用坡度2%~3%。其主要优点是节约材料,构造简单,扩大建筑空间,屋顶上面可作为固定的活动场所。坡屋顶一般由斜屋面组成,屋面坡度一般大于10%,城市建筑中为满足景观或建筑风格的要求也常用坡屋顶。曲面屋顶是由各种薄壳结构、悬索结构以及网架结构等作为屋顶承重结构的屋顶。

为减小承重结构的截面尺寸、节约钢材,除个别有特殊要求者外,首先应采用轻型屋面。轻型屋面的材料宜采用轻质高强,耐火、防火、保温和隔热性能好,构造简单,施工方便,并能工业化生产的建筑材料,如压型钢板、加气混凝土屋面板、夹芯板和各种轻质发泡水泥复合板等。

压型钢板是采用镀锌钢板、冷轧钢板、彩色钢板等作为原料,经冷弯形成各种波形的压型板。具有轻质高强、美观耐用、施工简便、抗震防火等特点。

章节号	第九节		楼板层构造		
审 核	第五元素	设 计	第五元素产品开发小组	页	139

(1)压型金属屋面板的连接

压型金属屋面板有五种典型的连接方法,如下图所示。

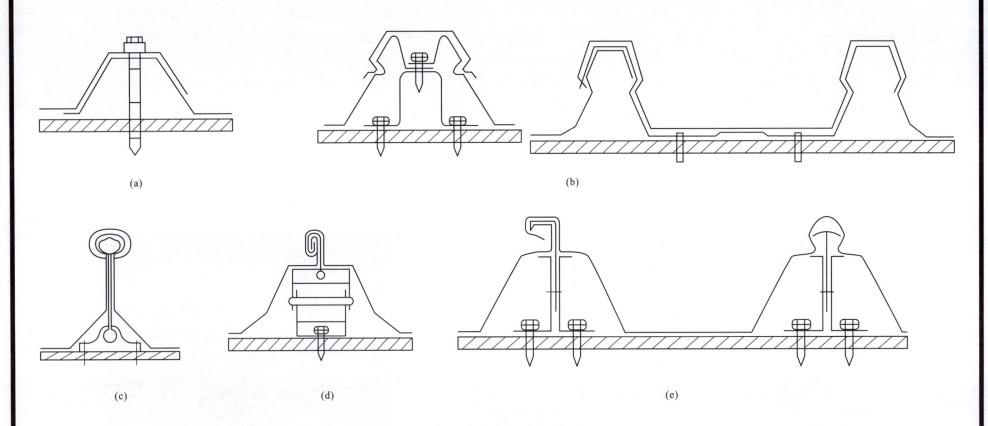

(a)　　　　　　　　　　　　　　(b)

(c)　　　　　(d)　　　　　　　　　　(e)

压型金属屋面板的连接方式

(a)自攻螺钉连接;(b)压板隐藏式连接;(c)咬合式连接;(d)360°咬边连接;(e)180°咬边连接

章节号	第九节	**楼板层构造**		
审　核	第五元素	设　计	第五元素产品开发小组	页	140

(2)夹芯屋面板的连接

夹芯板是一种保温和隔热芯材与面板一次成型的双层压型钢板。芯材可采用聚氨酯、聚苯或岩棉。夹芯屋面板有三种连接方法,如下图所示。

①当用于大跨度屋面的时候,则用螺钉连接[图(a)]。螺栓是通过U形件将板材压住,这是一种早期隐蔽的连接形式。这种连接方便,施工简单易行。在有些情况下也采用平板表面穿透连接,但是由于芯材有一定的可压缩性,往往在连接点形成凹下现象,易聚积雨水,而造成对螺钉的不利影响。

②当用于波形屋面夹芯板,则用外露连接[图(b)]。这种连接的连接点多,可每波连接也可间隔连接,用自攻螺钉穿透连接,自攻螺钉六角头下设有带防水垫的倒槽形盖片,加强了连接点的抗风能力。

③图(c)是在平板夹芯板屋面的基础上改造的另一种隐蔽连接形式。它避免了平板夹芯板作屋面时现场人工翻边不易控制,造成漏雨等现象的发生,改善了屋面的防水效果,并使连接更可靠、更方便。

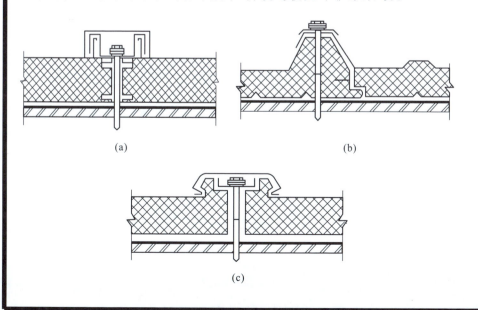

(3)双层压型钢板保温屋面板的连接

双层压型钢板保温屋面板的连接有两种方式:一种是下层压型板在屋檩条以上,一种是下层压型板在屋檩条以下,如下图所示。

底层板放在檩条上的做法,其优点是可以单面施工,施工时不要脚手架,底板可以上人操作,但是需要增加附加檩条或附加支承上层板的支承连接件,材料费相应增加,内表面可以看见檩条,不如后一种整齐美观。

底层板放在檩条下的做法,其优点是节省材料,内表面不露钢檩条,美观整齐,但构造较麻烦,需在刚架和檩条间留出底层板厚尺寸以上的空隙,施工时需对底层板切口,且需在底板面以下操作,需设置必要的操作措施,因而施工费用相应提高。这是目前较常用的构造方法。

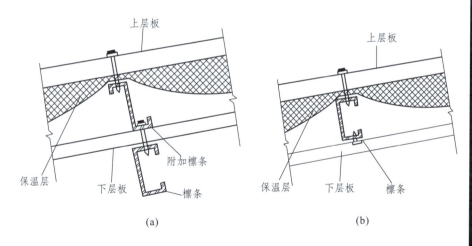

双层压型钢板保温屋面板的连接方式

(a)下层压型板在屋檩条以上;(b)下层压型板在屋檩条以下

章节号	第九节		楼板层构造		
审 核	第五元素	设 计	第五元素产品开发小组	页	141

(4)屋面波形采光板连接

　　波形采光板板型宜与配合使用的压型钢板板型相同,可采用聚碳酸酯板或合成树脂板(玻璃钢采光板)。波形采光板与屋面板的连接以及屋面波形采光板之间的连接如下图所示。

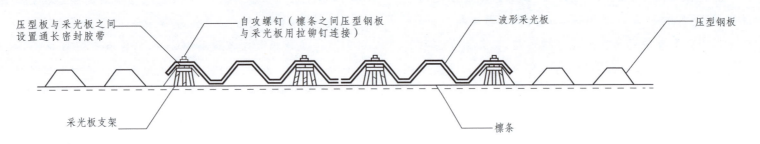

波形采光板与屋面板的连接

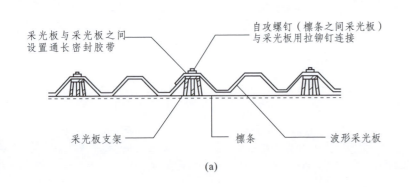

(a)

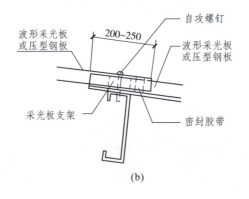

(b)

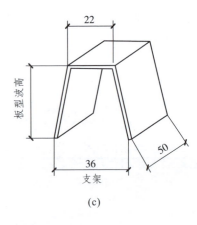

(c)

波形采光板的连接

(a)横向;(b)纵向;(c)光板支架

章节号	第九节		楼板层构造			
审　核	第五元素	设　计	第五元素产品开发小组	页	142	

第十节　外墙围护结构构造

现代多层民用钢结构建筑外墙面积相当于总建筑面积的 30%～40%，施工量大，且属于高空作业，故难度大，建筑速度缓慢；同时出于美观要求、耐久性要求和减轻建筑物自重等因素的考虑，外围护墙已采取了标准化、定型化、定制装配、多种材料复合等构造方式。

（一）金属幕墙

金属幕墙按结构体系划分为型钢骨架体系、铝合金型材骨架体系及无骨架金属板幕墙体系等，按材料体系分为铝合金板、不锈钢板、搪瓷或涂层钢、铜等薄板。下图所示为铝合金蜂窝板节点构造。

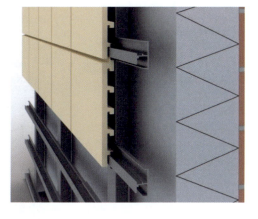

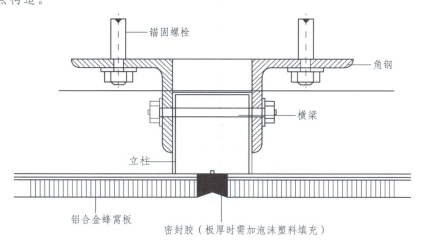

锚固螺栓

角钢

横梁

立柱

铝合金蜂窝板

密封胶（板厚时需加泡沫塑料填充）

铝合金蜂窝板节点构造

（二）玻璃幕墙

玻璃幕墙是当代的一种新型墙体，以其构造方式分为有框和无框两类。主要由玻璃和固定它的骨架系统两部分组成，所用材料概括起来，基本上有幕墙玻璃、骨架材料和填缝材料三种。

玻璃幕墙的饰面玻璃主要有热反射玻璃、吸热玻璃、双层中空玻璃及夹层玻璃、夹丝玻璃、钢化玻璃等品种。

骨架主要由构成骨架的各种型材如角钢、方钢管、槽钢以及紧固件组成。填缝材料用于幕墙玻璃装配及块与块之间的缝隙处理。

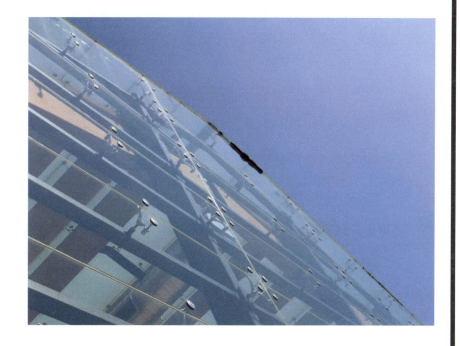

章节号	第十节			外墙围护结构构造		
审　核	第五元素	设　计		第五元素产品开发小组	页	143

下图所示为悬挂式玻璃幕墙示意图。

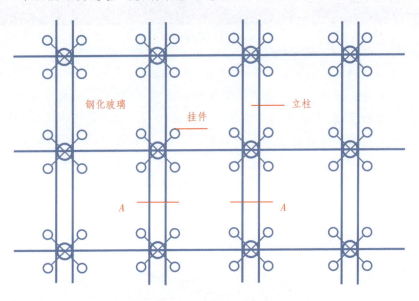

钢化玻璃

挂件

立柱

A   A

悬挂式玻璃幕墙示意图

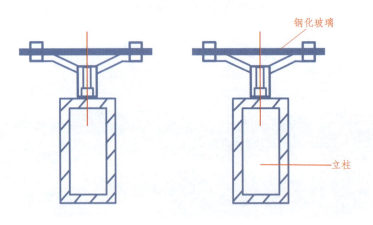

钢化玻璃

立柱

A—A

（三）石板材幕墙

石板材幕墙指主要采用天然花岗岩作为面料的幕墙，背后为金属支撑架。花岗岩色彩丰富，质地均匀，强度及抵抗大气污染等各方面性能较佳，因此深受欢迎。用于高层的石板幕墙，板厚一般为 30mm，分格不宜过大。

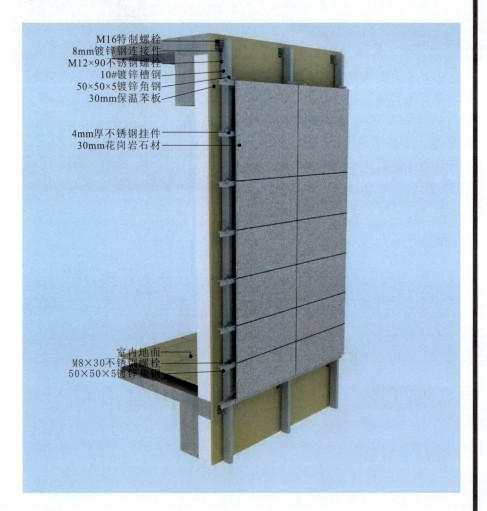

M16特制螺栓
8mm镀锌钢连接件
M12×90不锈钢螺栓
10#镀锌槽钢
50×50×5镀锌角钢
30mm保温苯板

4mm厚不锈钢挂件
30mm花岗岩石材

室内地面
M8×30不锈钢螺栓
50×50×5镀锌角钢

章节号	第十节	外墙围护结构构造		
审　核	第五元素	设　计	第五元素产品开发小组	页　144

（四）轻质混凝土板材悬挂墙

目前装配式轻质混凝土墙板可分为两大体系：一类为基本是单一材料制成的墙板，加高性能的 NALC 板，即配筋加气混凝土板，该板具有良好的承载、保温、防水、耐火、易加工等综合性能；另一类为复合夹芯墙板，该板内外侧为强度较高的板材，中间设置聚苯乙烯或矿棉等芯材。外围护墙构造如下图所示。

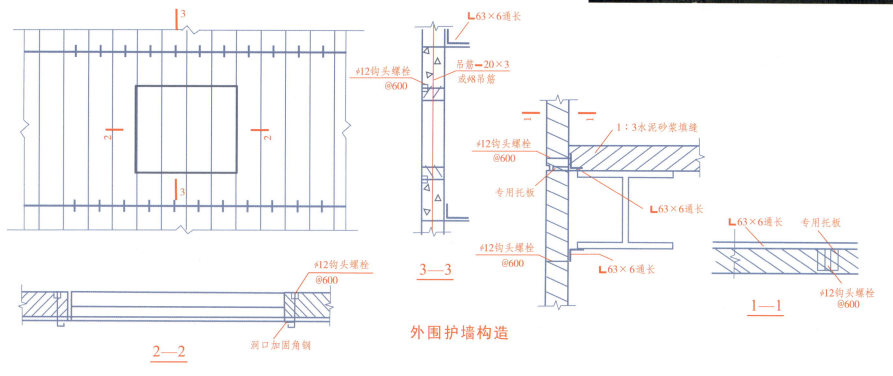

外围护墙构造

L63×6通长

吊筋—20×3
或φ8吊筋

φ12钩头螺栓
@600

φ12钩头螺栓
@600

3—3

1：3水泥砂浆填缝

φ12钩头螺栓
@600

专用托板

L63×6通长

φ12钩头螺栓
@600

L63×6通长

L63×6通长   专用托板

φ12钩头螺栓
@600

1—1

φ12钩头螺栓
@600

洞口加固角钢

2—2

章节号	第十节	外墙围护结构构造		
审　核	第五元素	设　计	第五元素产品开发小组	页

第五章　型钢混凝土结构识读

第一节　型钢混凝土结构概述

　　型钢混凝土结构是由混凝土包裹型钢做成的,是在型钢周围布置钢筋,浇筑混凝土的结构,是钢与混凝土组合的一种新型结构。它具有结构跨度大、截面小、刚度大等特点,因此在建筑工程领域应用十分广泛。

　　型钢混凝土结构分为实腹式和空腹式。实腹式构件具有较好的抗震性能,型钢采用轧制 H 型钢(宽翼缘工字钢)、双工字钢、双槽钢、十字形钢、矩形及圆形钢管,或采用钢板、角钢、槽钢等拼制焊接。空腹式构件型钢由缀板或缀条连接角钢或槽钢组成,抗震性能与普通混凝土构件基本相同。因此,目前在抗震结构中多采用实腹式构件。

　　优点:可以增加使用面积和层高,经济效益很大,抗震性能好,可缩短工期。

　　缺点:主要是其既要求进行钢构件的制作和安装,工序增多,施工精度要求高,又要求支模板、绑扎钢筋和浇筑混凝土,施工工序增多。

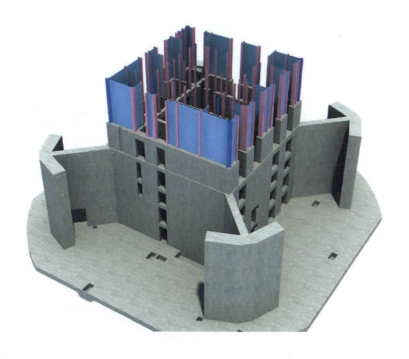

章节号	第一节	型钢混凝土结构概述		
审　核	第五元素	设　计	第五元素产品开发小组	页　149

一、型钢混凝土柱

型钢混凝土柱中的型钢截面可采用H形轧制型钢或H形、十字形、箱形焊接型钢。箱形焊接型钢用于型钢混凝土柱时，箱形型钢截面尺寸不宜大于型钢混凝土柱截面的一半。与型钢混凝土柱相连的框架梁可采用钢梁、钢筋混凝土梁、型钢混凝土梁。

二、型钢混凝土梁

型钢混凝土梁与普通钢筋混凝土梁的施工基本一致，不同的是，型钢混凝土梁由于型钢的存在，会对混凝土的浇捣产生影响。所以要求施工单位必须在浇捣前，做好施工方案，从原材料的选用、配合比、振捣和养护等环节严格控制，满足设计和施工规范的要求，保证混凝土的浇捣质量。

另一方面，型钢的存在也对钢筋的绑扎产生影响，也必须要求施工单位在施工前，做好钢结构和钢筋工程的施工方案。特别对于钢筋穿越型钢梁腹板和翼缘的情况，要求施工单位作深化设计，对开孔的部位标示清楚，提交给设计院审核是否需采取补强措施，以方便施工和保证安全。施工前，必须做好钢结构工程的吊装方案。保证型钢梁的截面尺寸符合设计要求，焊接质量满足验收要求，型钢梁翼缘与腹板开孔且补强完毕，才能进行吊装安装。

三、型钢混凝土剪力墙

钢-混凝土组合抗侧力构件具有广阔的实际应用前景，已在发达国家的高烈度地震设防区得到较多的应用。早在20世纪60年代，日本名古屋地铁公车站率先采用了这种内置钢板钢筋混凝土剪力墙框架结构。目前，在我国，北京国贸中心三期工程主塔楼结构核心筒底部结构采用了组合钢板剪力墙。与钢筋混凝土剪力墙相比，抗震性能好，结构自重轻，施工速度快，钢板剪力墙最突出的优点是在很大程度上降低了结构自重。

四、型钢混凝土柱脚

型钢混凝土柱脚分为埋入式柱脚和非埋入式柱脚，埋入式柱脚是将型钢主体埋入基础内，起到加强柱脚锚固的作用，常用于超高层建筑。非埋入式柱脚型钢主体不伸入基础内部，而是通过地脚螺栓与基础进行锚固，常用于多层及高层建筑。

埋入式柱脚

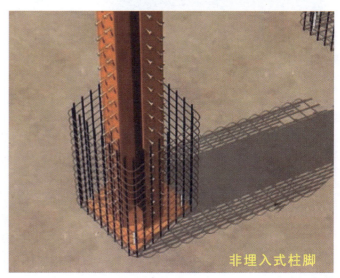

非埋入式柱脚

章节号	第二节	主要构件简介		
审 核	第五元素	设 计	第五元素产品开发小组	页 151

五、栓钉

栓钉属于一种高强度刚度连接的紧固件,用于各种钢结构工程中,在不同连接件中起刚性组合连接作用。

栓钉焊有两种:普通栓钉焊和穿透栓钉焊。普通栓钉焊亦称非穿透栓钉焊。穿透栓钉焊用于组合楼板和组合梁,焊接时,将压型钢板焊透,使栓钉、压型钢板和钢构件三者接在一起。

固定楼承板的时候,栓钉是楼面梁同钢筋混凝土楼板起组合连接作用的连接件,需要利用这种栓钉,根据楼承板的波距进行调节,起到紧固的效果,它作为一个组合梁的连接器,不管是现浇的楼板还是桁架楼板,都需要使用到栓钉。

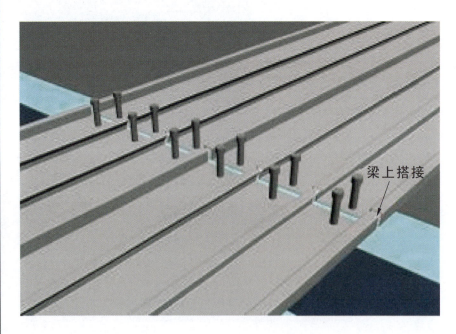

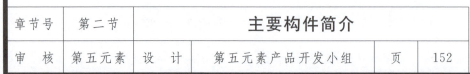

梁上搭接

章节号	第二节	主要构件简介		
审核	第五元素	设计	第五元素产品开发小组	页 152

第三节　型钢混凝土节点

一、节点钢筋排布构造

混凝土梁内纵筋不宜穿过柱内型钢翼缘,也不得与柱内型钢直接焊接。当梁内部分纵筋无法避开柱内型钢翼缘时,可采用以下几种连接形式:

(1)梁内部分纵筋与柱型钢上设置的钢牛腿可靠焊接,如下图所示,梁内应有不少于1/2面积的纵筋穿过柱连续配置。钢牛腿的长度应满足梁内纵筋强度充分发挥的焊接长度要求。从型钢混凝土柱边至钢牛腿端部以外1.5倍梁高范围内,混凝土梁应按梁端箍筋加密区的要求配置箍筋。钢牛腿可根据设计要求采用工字钢、T形牛腿或连接板的形式。

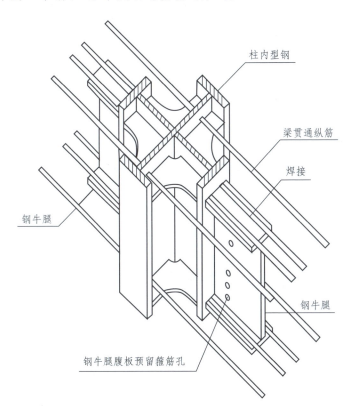

柱内型钢

梁贯通纵筋

焊接

钢牛腿

钢牛腿

钢牛腿腹板预留箍筋孔

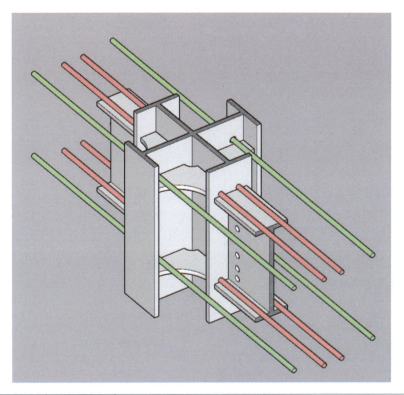

（2）钢筋混凝土梁内纵向钢筋可采取双排钢筋等措施尽可能多的贯穿节点，部分纵向钢筋绕过型钢翼缘在柱内型钢腹板上预留贯穿孔。当采用此做法时，柱内型钢翼缘宜为窄翼缘。如下图所示。

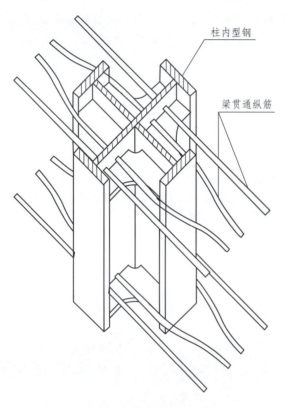

柱内型钢

梁贯通纵筋

梁纵筋贯穿型节点

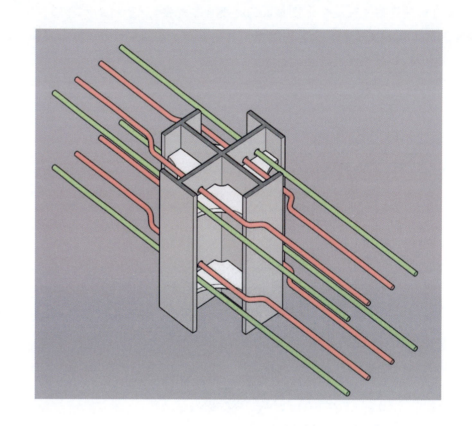

章节号	第三节	**型钢混凝土节点**		
审 核	第五元素	设 计	第五元素产品开发小组	页
				154

（3）钢筋混凝土梁内部分纵筋直接和焊接在柱型钢翼缘上的连接套筒连接，如下图所示，连接套筒水平方向的净间距不宜小于30mm和套筒外径。可焊接机械连接套筒接头应采用现行行业标准《钢筋机械连接技术规程》(JGJ 107)中规定的一级接头。

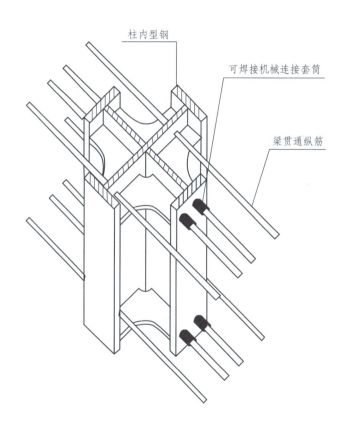

柱内型钢

可焊接机械连接套筒

梁贯通纵筋

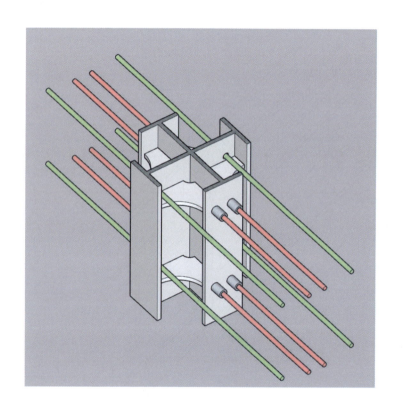

章节号	第三节	型钢混凝土节点		
审 核	第五元素	设 计	第五元素产品开发小组	页 155

（4）梁内部分纵筋与柱型钢上设置的短钢梁搭接如下图所示。短钢梁的高度不宜小于0.7倍混凝土梁高,其长度不宜小于混凝土梁截面高度的2倍,且应满足纵筋搭接长度的要求。在短钢梁的上、下翼缘上应设置栓钉连接件。梁内应有不少于1/2面积的纵筋穿过柱连续配置。从型钢混凝土柱边至短钢梁端部以外1.5倍梁高范围内,混凝土梁应按梁端箍筋加密区的要求配置箍筋。

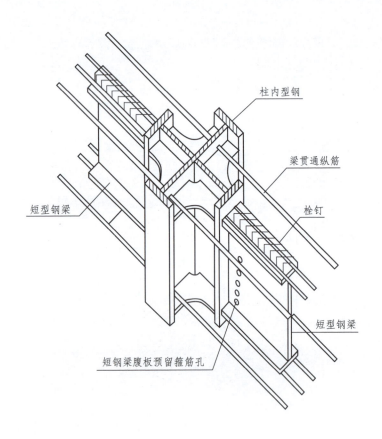

柱内型钢

梁贯通纵筋

栓钉

短型钢梁

短型钢梁

短钢梁腹板预留箍筋孔

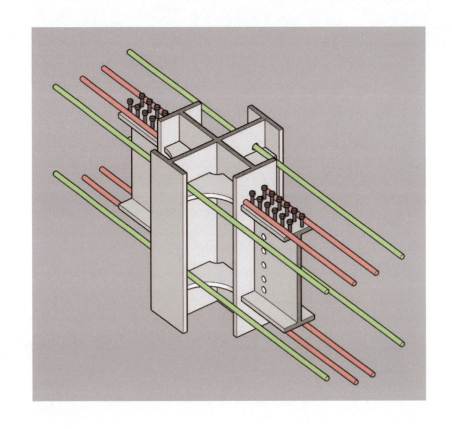

章节号	第三节		型钢混凝土节点		
审　核	第五元素	设　计	第五元素产品开发小组	页	156

(5)型钢混凝土柱的一侧为型钢混凝土梁、另一侧为钢筋混凝土梁时,宜将型钢伸入钢筋混凝土梁内,如下图所示。伸入钢筋混凝土梁内的钢梁长度不小于钢筋混凝土梁高的2倍并应在该段钢梁上下翼缘上设置栓钉连接件。钢筋混凝土梁梁端至型钢端部以外1.5倍钢筋混凝土梁高范围内,应按钢筋混凝土梁端箍筋加密区的要求配置箍筋。

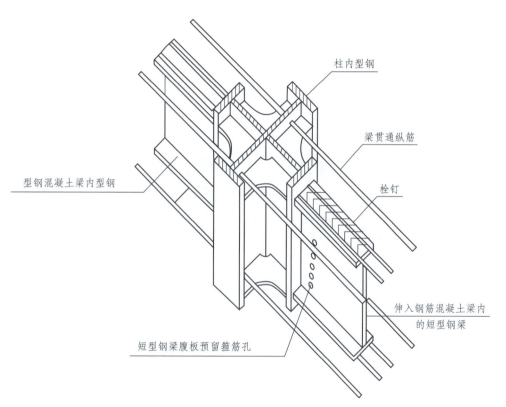
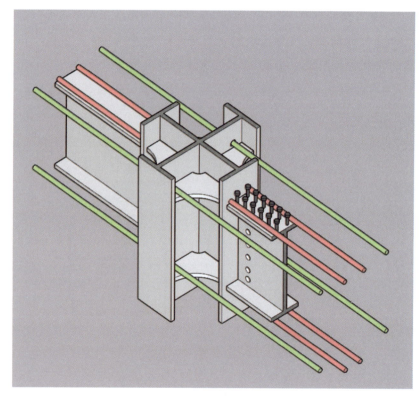

柱内型钢

梁贯通纵筋

栓钉

型钢混凝土梁内型钢

伸入钢筋混凝土梁内的短型钢梁

短型钢梁腹板预留箍筋孔

章节号	第三节	型钢混凝土节点		
审 核	第五元素	设 计	第五元素产品开发小组	页 157

二、型钢混凝土柱钢筋排布规则

(1)图中纵向钢筋布置仅为示意,受力纵筋应上下贯通梁柱节点,其设置数量及位置在满足计算要求的前提下,应综合考虑梁柱节点构造、施工难度及质量控制。

(2)箍筋穿过柱内型钢或与柱内型钢相连的钢构件(如钢梁、型钢混凝土梁梁内型钢或连接钢筋混凝土梁纵筋的钢牛腿等)的腹板时,应在腹板相应位置工厂预留孔洞,严禁现场制孔。

(3)当箍筋穿过柱内型钢或与柱内型钢相连的钢构件施工较为困难时,可将箍筋分割成 U 形及 L 形等形式,现场穿过型钢后再焊接成封闭箍筋,此时应注意焊接位置宜避开柱内纵筋。上下两组箍筋焊接位置应错开,如下图所示。焊接长度单面焊不小于 $10d$,双面焊不小于 $5d$。

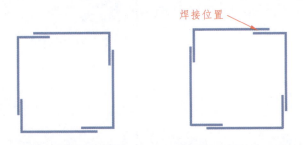

焊接位置

箍筋焊接位置示意图

(4)当型钢混凝土柱配置螺旋箍筋时,螺旋箍筋间距宜大于 60mm,直径宜大于 8mm,螺旋箍筋末端应有两圈重叠,末端设 135°的弯钩及大于 $12d$ 的直线段。螺旋箍筋非加密区的间距不应大于加密区的 1.5 倍。

章节号	第三节			型钢混凝土节点		
审 核	第五元素	设 计	第五元素产品开发小组		页	158

三、型钢混凝土柱钢筋构造

（1）H形钢的柱钢筋排布构造

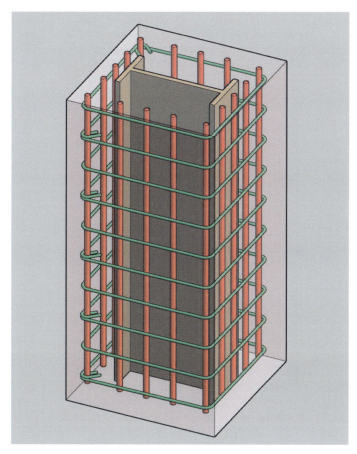

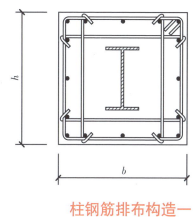

柱钢筋排布构造一
内部设置不穿过型钢的独立拉筋或封闭小箍

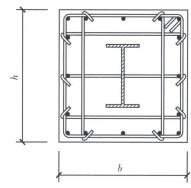

柱钢筋排布构造二
内部设置不穿过型钢的独立拉筋或封闭
小箍及穿过型钢的独立拉筋

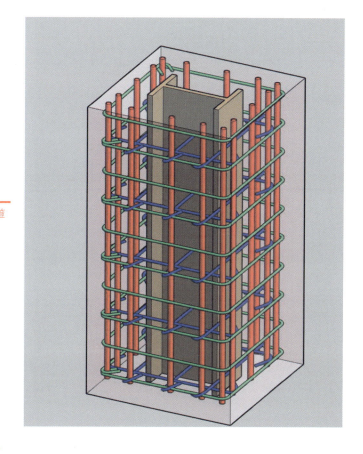

章节号	第三节		型钢混凝土节点		
审 核	第五元素	设 计	第五元素产品开发小组	页	159

（2）十字形钢的柱钢筋排布构造

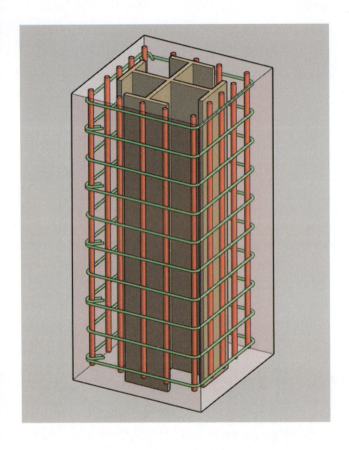

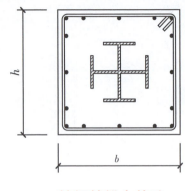

柱钢筋排布构造三

仅外围设置封闭大箍（5）

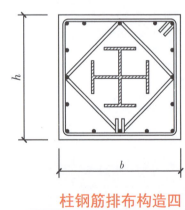

柱钢筋排布构造四

内部设置不穿过型钢的菱形封闭小箍（5）

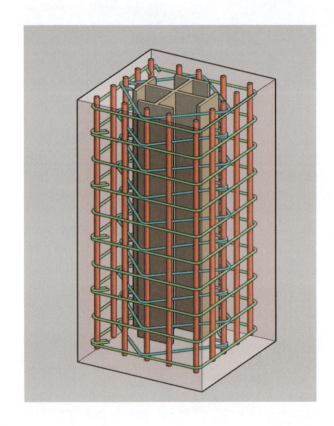

注：

①箍筋及拉筋在柱同一截面叠放层数不应超过3层。

②考虑施工方便，柱中拉筋宜优先采用不穿型钢的排布方式。

③图名下括号内标注为柱单侧钢筋数。

章节号	第三节		**型钢混凝土节点**		
审　核	第五元素	设　计	第五元素产品开发小组	页	160

（3）箱型钢骨的柱钢筋排布构造

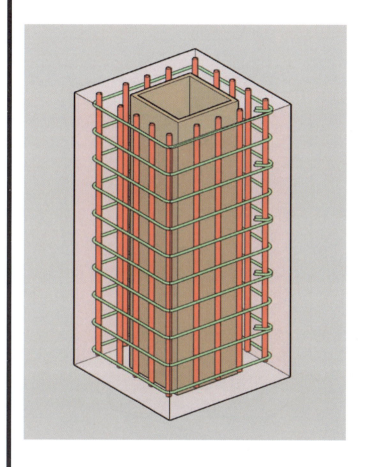

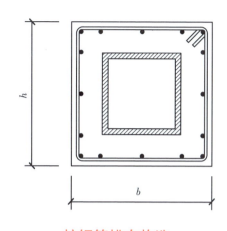

柱钢筋排布构造一

仅外围设置封闭大箍（5）

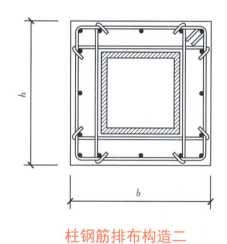

柱钢筋排布构造二

内部设置不穿过钢管的独立拉筋或封闭小箍（5）

注：

①钢管不宜开洞穿过箍筋或拉筋。

②钢管壁应根据设计要求设置栓钉，此处未做表达。

③图名下括号内标注为柱单侧钢筋数。

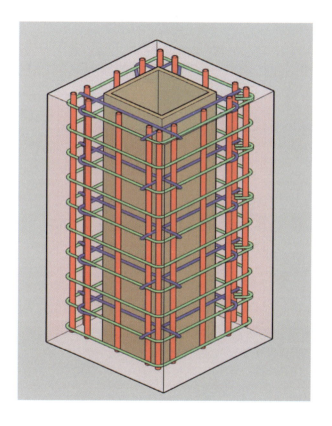

章节号	第三节	型钢混凝土节点		
审 核	第五元素	设 计	第五元素产品开发小组	页 161

（4）圆管钢骨的柱钢筋排布构造

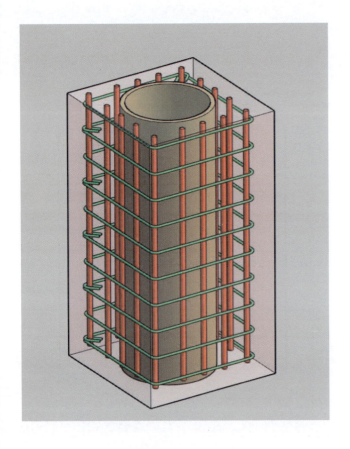

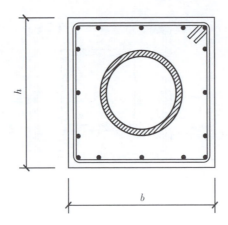

柱钢筋排布构造一
仅外围设置封闭大箍（5）

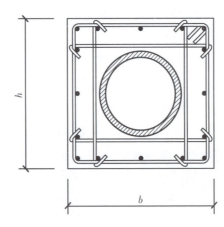

柱钢筋排布构造二
内部设置不穿过钢管的独立拉筋或封闭小箍（5）

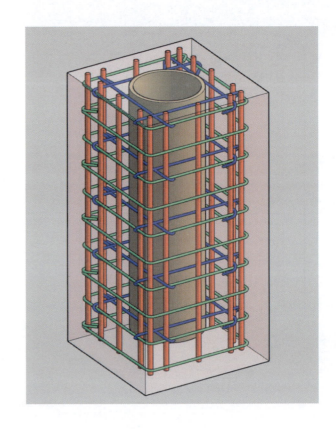

注：
①箍筋及拉筋在柱同一截面叠放层数不应超过3层。
②考虑施工方便，柱中拉筋宜优先采用不穿型钢的排布方式。
③图名下括号内标注为柱单侧钢筋数。

章节号	第三节	型钢混凝土节点		
审 核	第五元素	设 计	第五元素产品开发小组	页 162

四、型钢混凝土梁钢筋构造

（一）型钢混凝土梁与钢筋混凝土梁相交排布构造

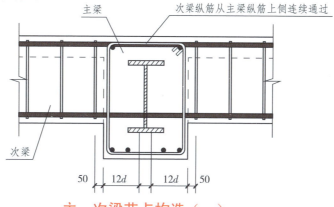

主梁

次梁纵筋从主梁纵筋上侧连续通过

次梁

50　12d　12d　50

主、次梁节点构造（一）

（主、次梁不等高；中间支座）

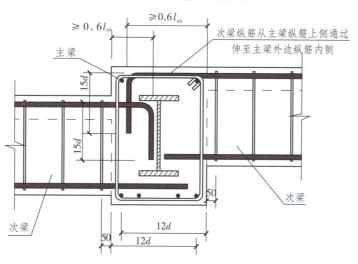

$\geq 0.6 l_{ab}$　$\geq 0.6 l_{ab}$

主梁

次梁纵筋从主梁纵筋上侧通过
伸至主梁外边纵筋内侧

15d

15d

次梁

次梁

50

50　12d

12d

主、次梁节点构造（二）

（主、次梁不等高；次梁标高不同；中间支座）

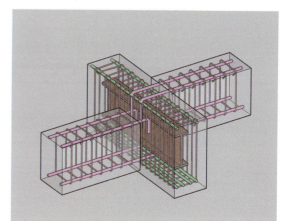

章节号	第三节		型钢混凝土节点		
审 核	第五元素	设 计	第五元素产品开发小组	页	163

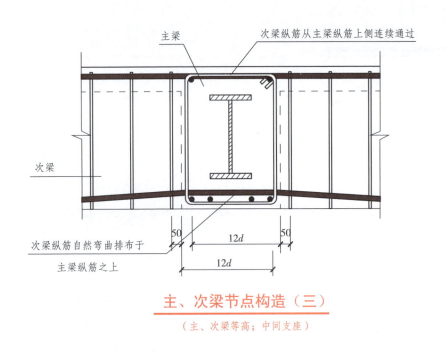

主梁

次梁纵筋从主梁纵筋上侧连续通过

次梁

次梁纵筋自然弯曲排布于
主梁纵筋之上

50　　12d　　50

12d

主、次梁节点构造（三）

（主、次梁等高；中间支座）

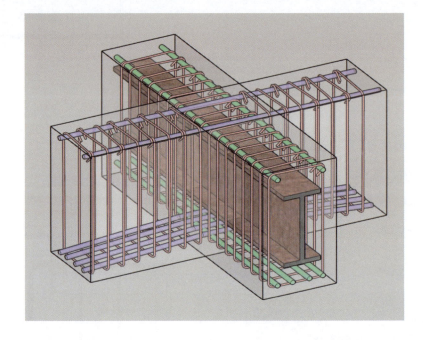

（二）型钢混凝土梁钢筋排布构造

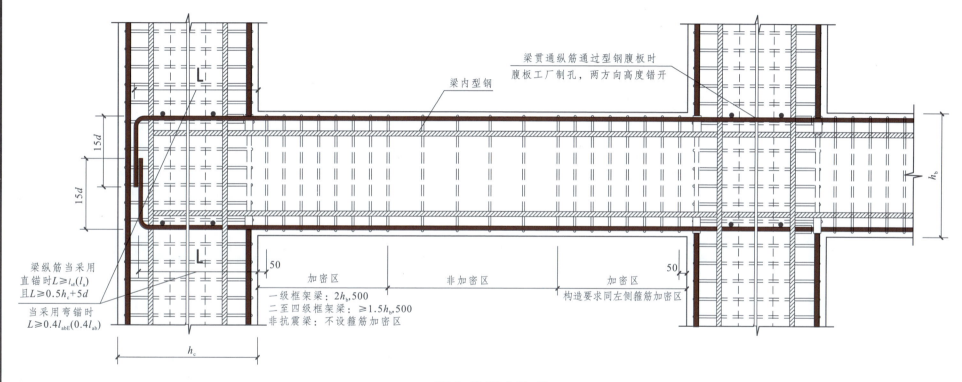

梁钢筋排布构造

章节号	第三节		型钢混凝土节点		
审 核	第五元素	设 计	第五元素产品开发小组	页	165

The image labels and annotations:
- 梁贯通纵筋通过型钢腹板时 腹板工厂制孔，两方向高度错开
- 梁内型钢
- 15d
- 15d
- h_b
- h_b
- 梁纵筋当采用 直锚时 $L \geq l_{aE}(l_a)$ 且 $L \geq 0.5h_c+5d$
- 当采用弯锚时 $L \geq 0.4l_{abE}(0.4l_{ab})$
- 50
- 50
- 加密区
- 非加密区
- 加密区
- 一级框架梁：$2h_b$,500
- 二至四级框架梁：$\geq 1.5h_b$,500
- 非抗震梁：不设箍筋加密区
- 构造要求同左侧箍筋加密区
- h_c

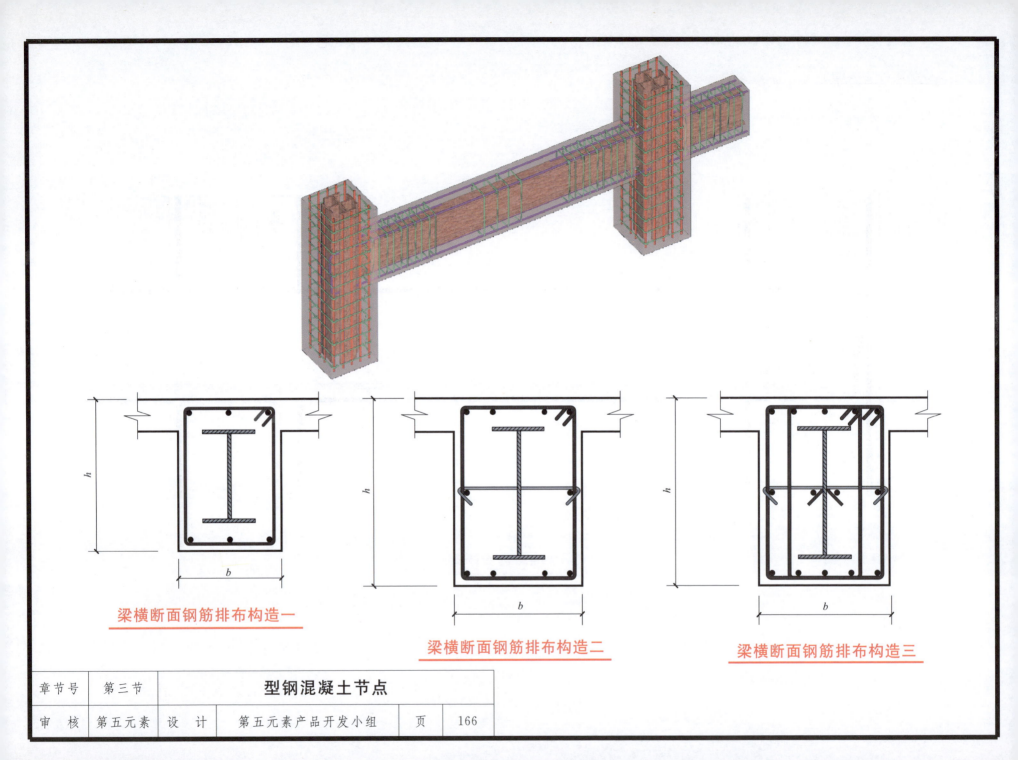

梁横断面钢筋排布构造一

梁横断面钢筋排布构造二

梁横断面钢筋排布构造三

章节号	第三节	型钢混凝土节点		
审 核	第五元素	设 计	第五元素产品开发小组	页 166

(三)梁柱及节点水平加腋钢筋排布构造

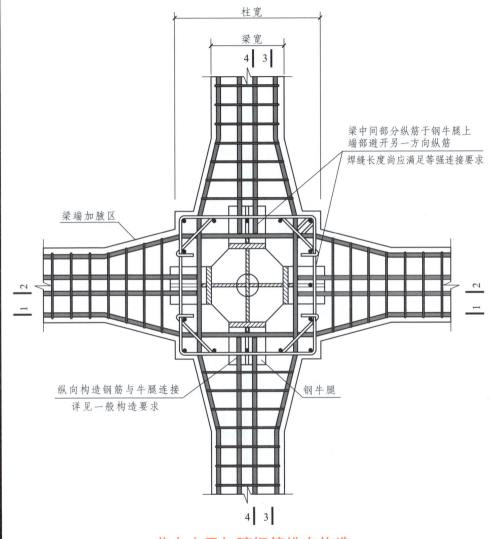

梁中间部分纵筋于钢牛腿上端部避开另一方向纵筋

焊缝长度尚应满足等强连接要求

梁端加腋区

纵向构造钢筋与牛腿连接详见一般构造要求

钢牛腿

柱宽

梁宽

节点水平加腋钢筋排布构造

梁柱居中，梁部分纵筋与型钢上的钢牛腿焊接

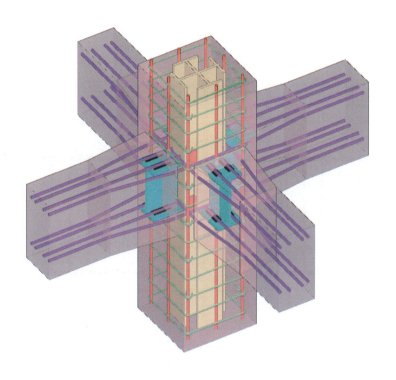

注：两方向等高梁焊接于牛腿上的纵筋可设置在同一标高，两侧贯通纵筋分别在隔板上下侧通过型钢腹板。

章节号	第三节	**型钢混凝土节点**		
审 核	第五元素	设 计	第五元素产品开发小组	页 167

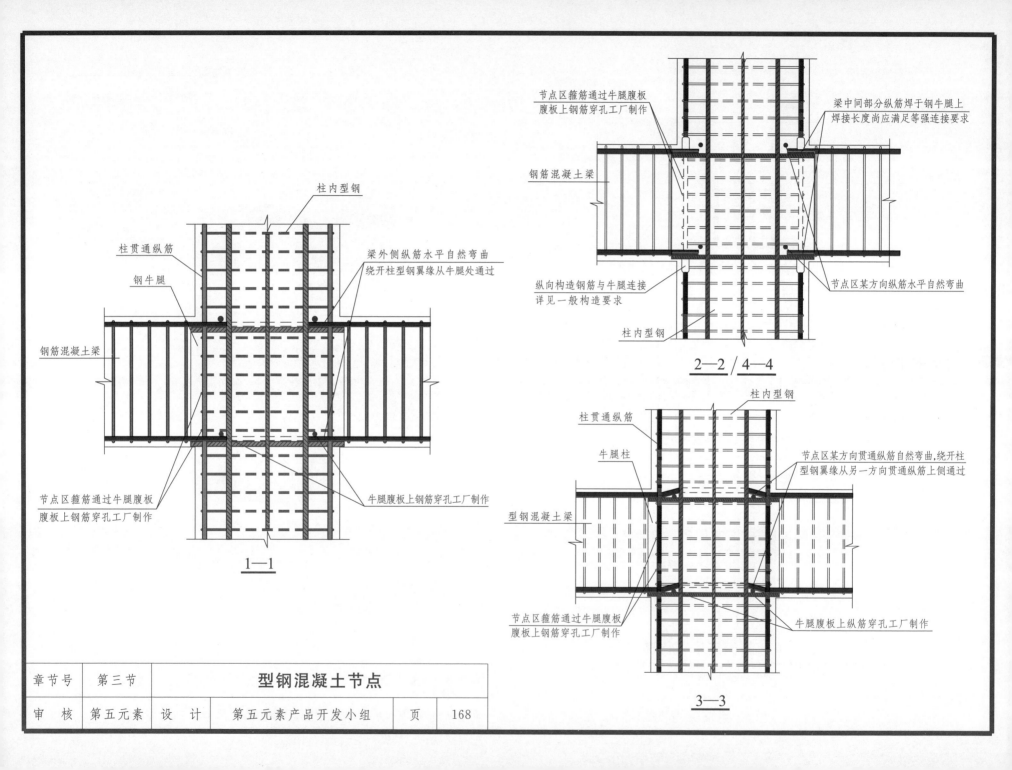

柱内型钢

柱贯通纵筋

钢牛腿

梁外侧纵筋水平自然弯曲
绕开柱型钢翼缘从牛腿处通过

钢筋混凝土梁

节点区箍筋通过牛腿腹板
腹板上钢筋穿孔工厂制作

牛腿腹板上钢筋穿孔工厂制作

1—1

节点区箍筋通过牛腿腹板
腹板上钢筋穿孔工厂制作

梁中间部分纵筋焊于钢牛腿上
焊接长度尚应满足等强连接要求

钢筋混凝土梁

纵向构造钢筋与牛腿连接
详见一般构造要求

柱内型钢

节点区某方向纵筋水平自然弯曲

2—2 / 4—4

柱贯通纵筋

柱内型钢

牛腿柱

节点区某方向贯通纵筋自然弯曲,绕开柱
型钢翼缘从另一方向贯通纵筋上侧通过

型钢混凝土梁

节点区箍筋通过牛腿腹板
腹板上钢筋穿孔工厂制作

牛腿腹板上纵筋穿孔工厂制作

3—3

章节号	第三节	型钢混凝土节点		
审 核	第五元素	设 计	第五元素产品开发小组	页 168

(四)柱两侧梁不等高时钢筋排布构造

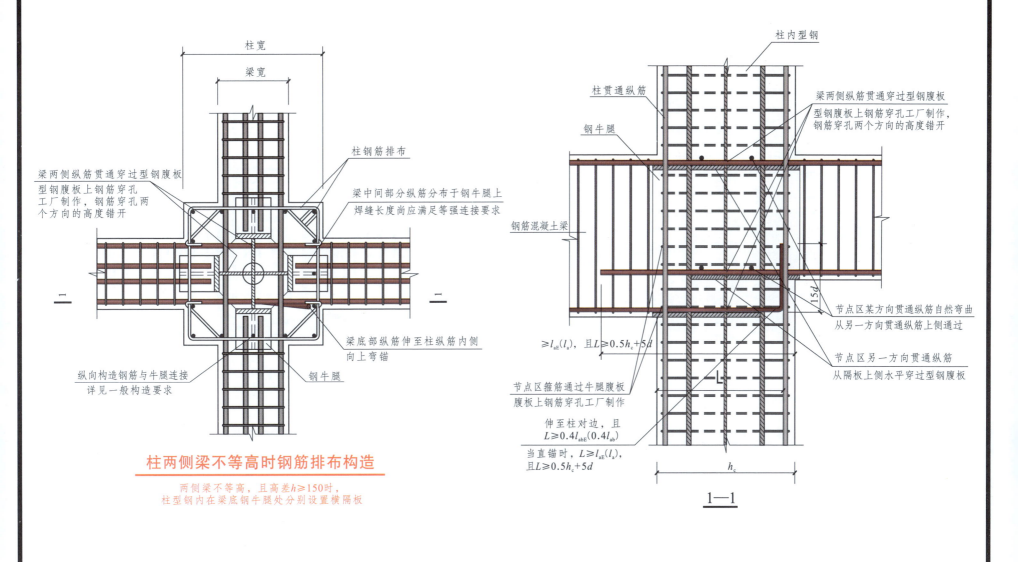

梁两侧纵筋贯通穿过型钢腹板
型钢腹板上钢筋穿孔
工厂制作,钢筋穿孔两
个方向的高度错开

柱钢筋排布

梁中间部分纵筋分布于钢牛腿上
焊缝长度尚应满足等强连接要求

梁底部纵筋伸至柱纵筋内侧
向上弯锚

纵向构造钢筋与牛腿连接
详见一般构造要求

钢牛腿

柱两侧梁不等高时钢筋排布构造

两侧梁不等高,且高差$h \geq 150$时,
柱型钢内在梁底钢牛腿处分别设置横隔板

柱内型钢

柱贯通纵筋

梁两侧纵筋贯通穿过型钢腹板
型钢腹板上钢筋穿孔工厂制作,
钢筋穿孔两个方向的高度错开

钢牛腿

钢筋混凝土梁

节点区某方向贯通纵筋自然弯曲
从另一方向贯通纵筋上侧通过

节点区另一方向贯通纵筋
从隔板上侧水平穿过型钢腹板

$\geq l_{aE}(l_a)$,且$L \geq 0.5h_c + 5d$

节点区箍筋通过牛腿腹板
腹板上钢筋穿孔工厂制作

伸至柱对边,且
$L \geq 0.4l_{abE}(0.4l_{ab})$

当直锚时,$L \geq l_{aE}(l_a)$,
且$L \geq 0.5h_c + 5d$

$15d$

h_c

1—1

章节号	第三节	型钢混凝土节点	
审 核	第五元素	设 计	第五元素产品开发小组

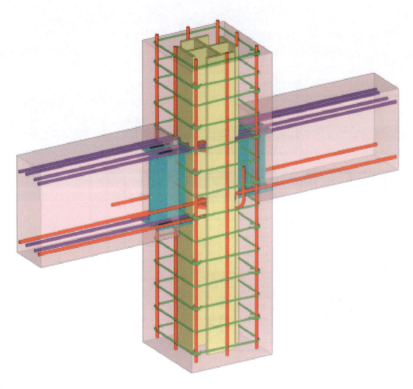

（五）型钢混凝土梁上起混凝土柱钢筋排布构造

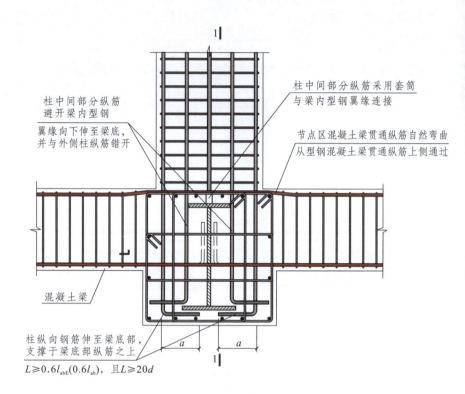

型钢混凝土梁上起混凝土柱的节点钢筋排布构造

图中标注：
- 柱中间部分纵筋采用套筒与梁内型钢翼缘连接
- 柱中间部分纵筋避开梁内型钢
- 节点区混凝土梁贯通纵筋自然弯曲从型钢混凝土梁贯通纵筋上侧通过
- 翼缘向下伸至梁底，并与外侧柱纵筋错开
- 混凝土梁
- 柱纵向钢筋伸至梁底部，支撑于梁底部纵筋之上

$L \geqslant 0.6 l_{abE}(0.6 l_{ab})$，且 $L \geqslant 20d$

注：
1. 两方向不等高梁焊接于牛腿上的钢筋可设置在同一标高，两侧贯通纵筋在节点区内错开高度排布，柱内型钢腹板上的钢筋穿孔也应错开标高设置。
2. 本图适用于梁底高差大于150mm的情况，当梁底高差小于150mm时，横隔板仅在较高梁底标高的位置设置。

注：
a 为锚固钢筋的弯折段长度，当插筋的直段长度 $L \geqslant l_{aE}(l_a)$ 时，图中 $a = 6d$ 且 $\geqslant 150$mm，其他情况 $a = 15d$。

章节号	第三节	型钢混凝土节点		
审 核	第五元素	设 计	第五元素产品开发小组	页 170

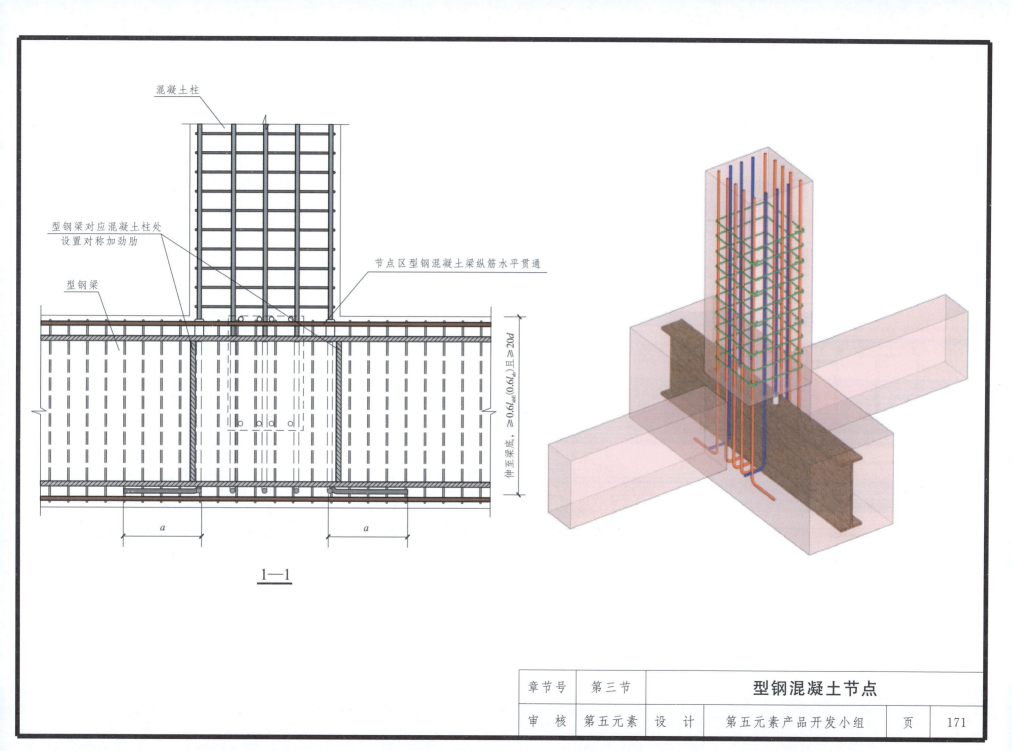

混凝土柱

型钢梁对应混凝土柱处
设置对称加劲肋

型钢梁

节点区型钢混凝土梁纵筋水平贯通

伸至梁底，$\geq 0.6 l_{abE}(0.6 l_{ab})$且$\geq 20d$

a

a

1—1

(六)边缘钢筋排布构造

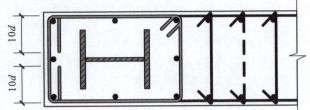

10d

10d

<u>暗柱钢筋排布构造</u>

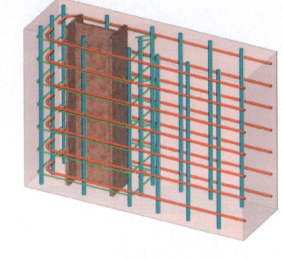

15d

15d

<u>翼墙钢筋排布构造</u>
墙水平筋通过连接板与型钢连接

15d

<u>转角墙钢筋排布构造</u>

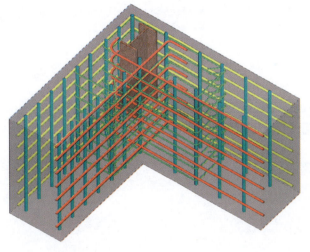

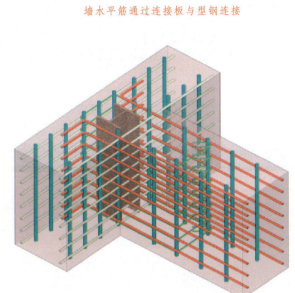

章节号	第三节	型钢混凝土节点		
审 核	第五元素	设 计	第五元素产品开发小组	页 172

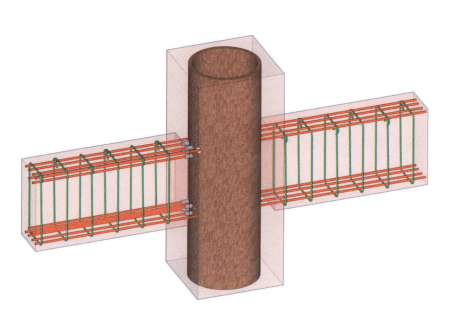

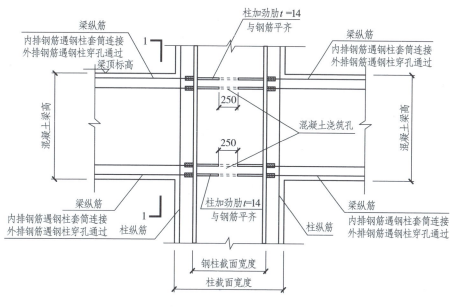

钢筋混凝土梁遇圆钢骨做法

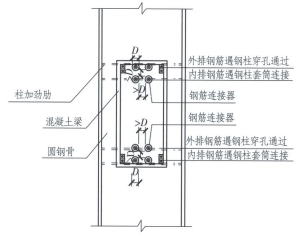

1—1

识图要点:

　　混凝土梁内排钢筋通过套筒与钢骨进行连接,外排钢筋穿孔通过钢骨。图中套筒是通过定位焊接于梁上,柱内与钢筋齐平处设置14mm厚加劲肋,加劲肋中部留设直径250mm的圆孔方便后期浇筑混凝土。

章节号	第四节		施工蓝图案例解析		
审　核	第五元素	设　计	第五元素产品开发小组	页	173

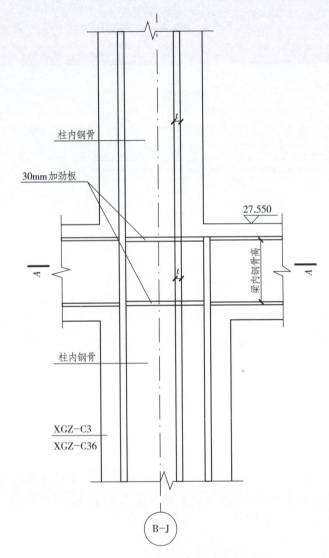

柱内钢骨

30mm加劲板

27.550

梁内钢骨高

柱内钢骨

XGZ-C3
XGZ-C36

B-J

XGZ-C3、XGZ-C36变截面做法
用于27.550标高变截面处

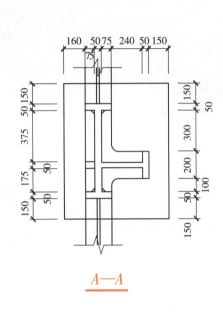

A—A

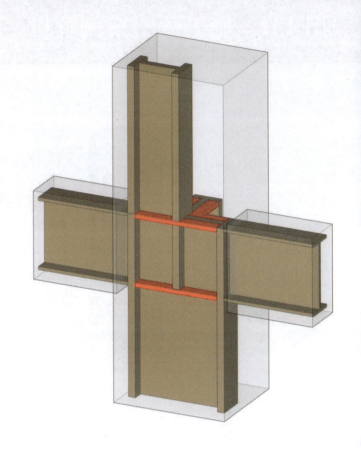

识图要点：

    型钢柱的变截面通常于结构受力变化位置,钢柱变截面处和钢梁翼缘设置30mm厚的加劲板进行加强。通过 *A—A* 剖面图可以看出钢柱各项尺寸,钢骨翼缘厚度为50mm,翼缘宽度为200mm,钢骨翼缘边与型钢混凝土柱外侧距离为150mm。变截面后的钢骨截面尺寸为475mm×200mm,翼缘厚度和宽度不变。

章节号	第四节	施工蓝图案例解析		
审 核	第五元素	设 计	第五元素产品开发小组	页 174

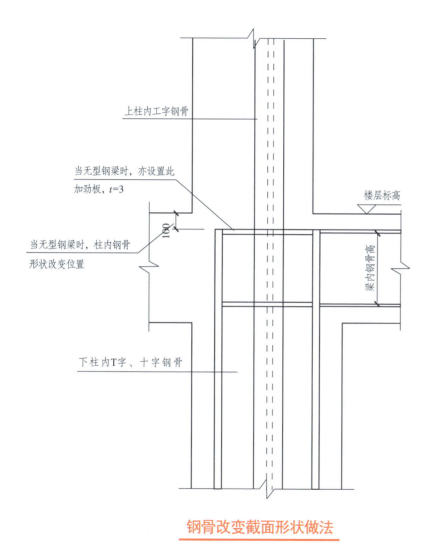

上柱内工字钢骨

当无型钢梁时，亦设置此
加劲板，$t=3$

当无型钢梁时，柱内钢骨
形状改变位置

100

楼层标高

梁内钢骨高

下柱内T字、十字钢骨

钢骨改变截面形状做法

识图要点：

型钢柱的变截面通常于结构受力变化位置,钢柱变截面处和钢梁翼缘设置30mm 厚的加劲板进行加强。下柱采用十字形钢骨,上柱采用工字形钢骨,工字形钢骨是十字形钢骨的部分延伸,并非二次拼接,有利于保证型钢混凝土柱的受力性能。

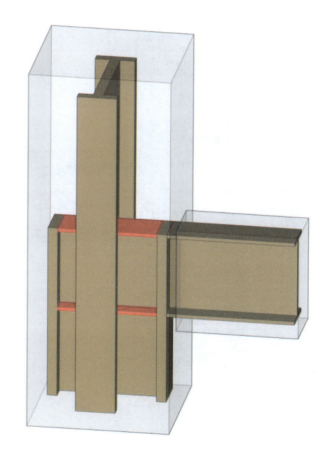

章节号	第四节	施工蓝图案例解析		
审 核	第五元素	设 计	第五元素产品开发小组	页 175

识图要点:

图中做法为钢骨一侧变截面,柱截面偏差小于100mm时的做法,钢骨通过在节点位置变截面,变截面起始位置采用14mm厚加劲板进行加强,变截面前钢骨尺寸为A,变截面后钢骨尺寸为B,可通过柱详图查询具体尺寸。

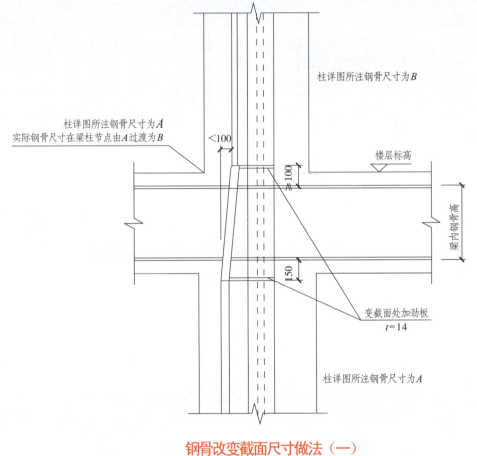

柱详图所注钢骨尺寸为B

柱详图所注钢骨尺寸为A
实际钢骨尺寸在梁柱节点由A过渡为B

<100

≥100

楼层标高

梁内钢骨高

50

变截面处加劲板
$t=14$

柱详图所注钢骨尺寸为A

钢骨改变截面尺寸做法(一)

用于型钢截面尺寸改变小于100mm时

章节号	第四节	施工蓝图案例解析		
审 核	第五元素	设 计	第五元素产品开发小组	页 176

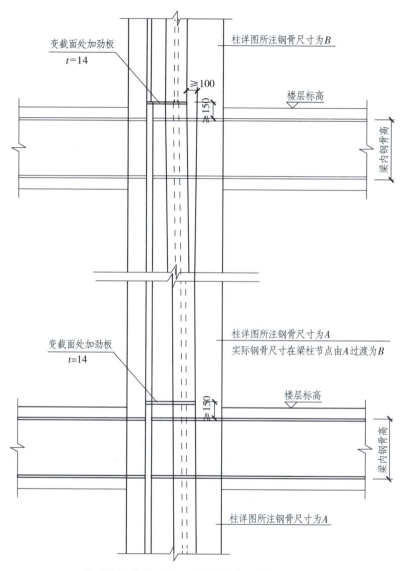

变截面处加劲板
$t=14$

柱详图所注钢骨尺寸为B

$\geqslant 150$ 100

楼层标高

梁内钢骨高

变截面处加劲板
$t=14$

柱详图所注钢骨尺寸为A
实际钢骨尺寸在梁柱节点由A过渡为B

$\geqslant 150$

楼层标高

梁内钢骨高

柱详图所注钢骨尺寸为A

钢骨改变截面尺寸做法（二）

用于型钢截面尺寸改变小于100mm时

识图要点：

图中柱子为柱截面偏差大于或等于 100mm 时的做法，钢骨为楔形钢骨，在层间进行变截面。

与上页图中在梁柱节点处变截面不同，不仅要在梁柱节点连接处设置加劲板，还要在柱高出翼缘 150mm 处设置一道 14mm 厚的加劲板。变截面前钢骨尺寸为 A，变截面后钢骨尺寸为 B，可通过柱详图查询具体尺寸。楔形钢骨实际尺寸在节点由 A 过渡为 B。

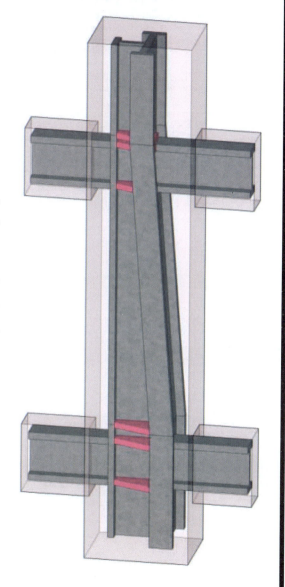

章节号	第四节		施工蓝图案例解析	
审　核	第五元素	设　计	第五元素产品开发小组	页 177

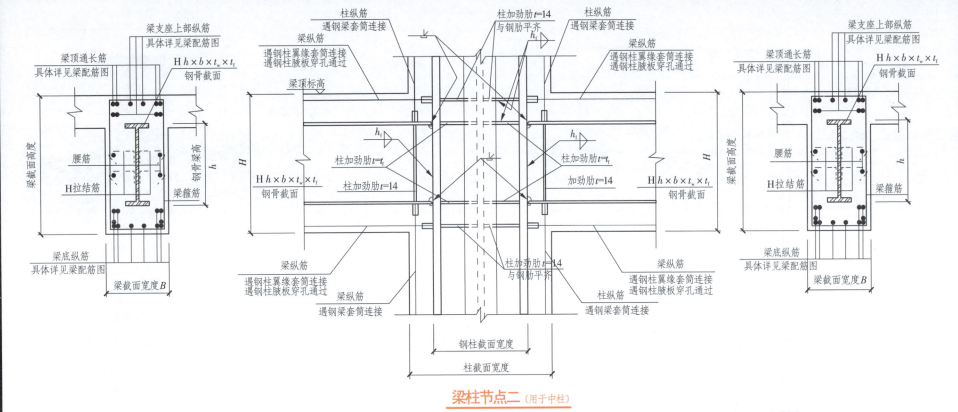

梁柱节点二 (用于中柱)

识图要点:

中柱与左右梁端型钢混凝土梁连接,梁底面和顶面配筋信息可查看图纸中的梁配筋图,柱中套筒焊接同一直线上均设置加劲肋进行补强,采用双面角焊与柱子进行连接。

梁钢筋遇柱钢骨翼缘通过焊于柱上的套筒进行连接,遇腹板穿孔通过。梁中虚线拉结筋贴焊于梁钢骨腹板连接。

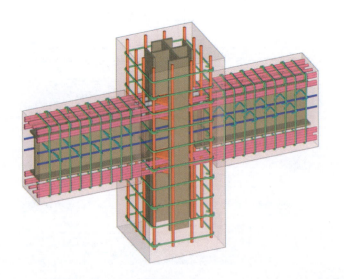

章节号	第四节		施工蓝图案例解析		
审 核	第五元素	设 计	第五元素产品开发小组	页	178

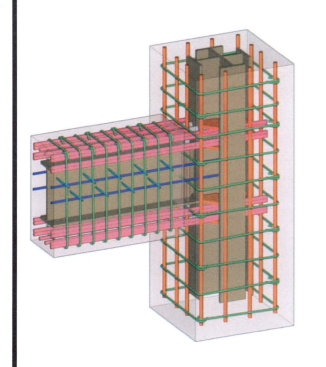

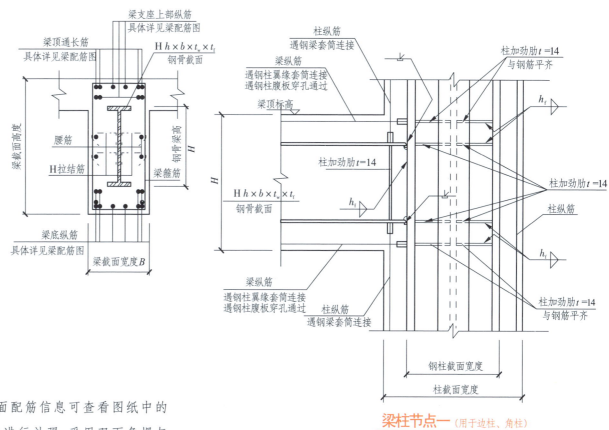

梁柱节点一 _(用于边柱、角柱)

识图要点:

图中节点为边柱、角柱应用节点,梁底面和顶面配筋信息可查看图纸中的梁配筋图,柱中套筒焊接同一直线上均设置加劲肋进行补强,采用双面角焊与柱子进行连接。

梁钢筋遇柱钢骨翼缘通过焊于柱上的套筒进行连接,遇腹板穿孔通过。梁柱中虚线拉结筋贴焊于梁钢骨腹板连接。

章节号	第四节		施工蓝图案例解析	
审 核	第五元素	设 计	第五元素产品开发小组	页 179

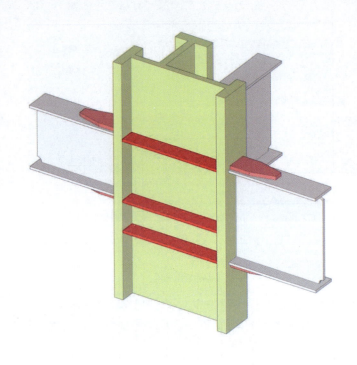

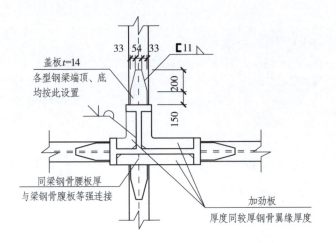

盖板 t=14
各型钢梁端顶、底
均按此设置

33 54 33

C11
200
150

同梁钢骨腰板厚
与梁钢骨腹板等强连接

加劲板

厚度同较厚钢骨翼缘厚度

识图要点：

图中为型钢梁柱内的钢骨连接，在柱型钢对应梁型钢上、下翼缘处，以及型钢柱变截面处设置。

梁悬臂段高度为 H，长度为 $2H$，在工厂加工进行连接后再运往现场进行安装，悬臂上部盖板厚度 14mm，采用工件三边焊缝进行焊接，焊缝高度 11mm，分别设置于型钢梁顶端和底端。

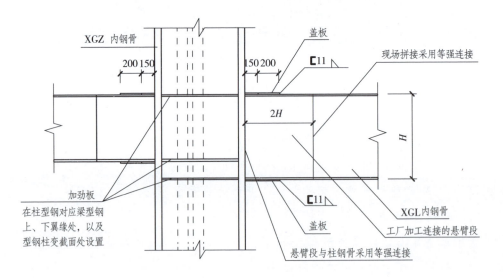

XGZ 内钢骨

盖板

现场拼接采用等强连接

200 150   150 200   C11

2H

H

加劲板

在柱型钢对应梁型钢上、下翼缘处，以及型钢柱变截面处设置

盖板

C11

XGL内钢骨

工厂加工连接的悬臂段

悬臂段与柱钢骨采用等强连接

型钢梁柱内钢骨连接做法

章节号	第四节	施工蓝图案例解析		
审 核	第五元素	设 计	第五元素产品开发小组	页 180

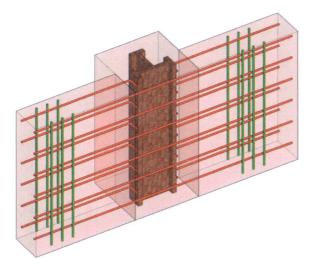

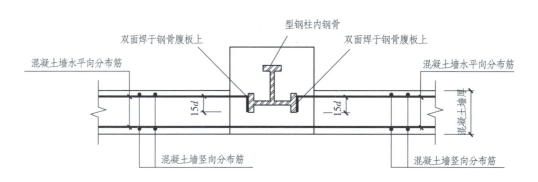

双面焊于钢骨腹板上　　型钢柱内钢骨　　双面焊于钢骨腹板上

混凝土墙水平向分布筋　　　　　　　　　　混凝土墙水平向分布筋

15d　　　　　15d　　　混凝土墙厚

混凝土墙竖向分布筋　　　　　　混凝土墙竖向分布筋

混凝土墙内水平分布筋遇钢骨做法（一）

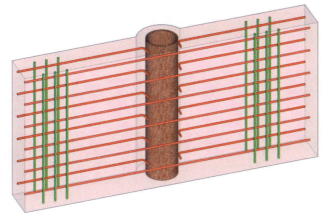

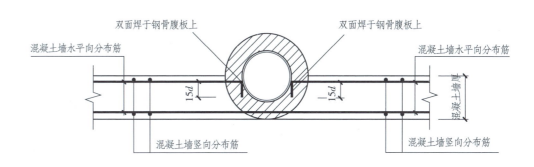

双面焊于钢骨腹板上　　　　双面焊于钢骨腹板上

混凝土墙水平向分布筋　　　　　　　　　　混凝土墙水平向分布筋

15d　　　　　15d　　　混凝土墙厚

混凝土墙竖向分布筋　　　　　　混凝土墙竖向分布筋

混凝土墙内水平分布筋遇钢骨做法（二）

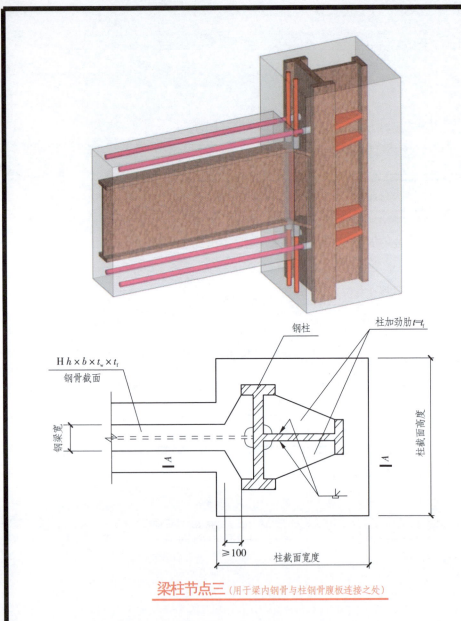

钢骨截面
H h × b × t_w × t_f

钢柱

柱加劲肋 t=t_f

钢梁宽

≥100

柱截面宽度

柱截面高度

梁柱节点三（用于梁内钢骨与柱钢骨腹板连接之处）

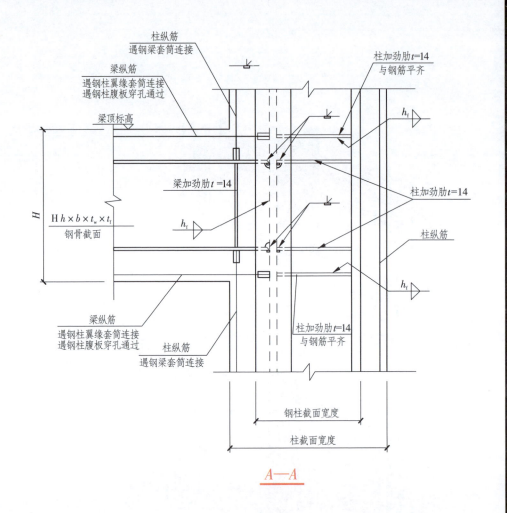

柱纵筋
遇钢梁套筒连接

梁纵筋
遇钢柱翼缘套筒连接
遇钢柱腹板穿孔通过

梁顶标高

H h × b × t_w × t_f
钢骨截面

梁加劲肋 t=14

h_f

柱加劲肋 t=14
与钢筋平齐

柱加劲肋 t=14

柱纵筋

h_f

梁纵筋
遇钢柱翼缘套筒连接
遇钢柱腹板穿孔通过

柱纵筋

遇钢梁套筒连接

柱加劲肋 t=14
与钢筋平齐

h_f

钢柱截面宽度

柱截面宽度

A—A

识图要点：

图中梁内钢骨与柱钢骨腹板进行连接，连接部位采用双面角焊，梁钢筋遇柱钢骨翼缘通过焊于柱上的套筒进行连接，遇腹板穿孔通过，柱中部与套筒同一水平面设置加劲肋进行补强。钢骨截面尺寸可通过查询图纸梁截面表进行确认。

章节号	第四节	施工蓝图案例解析		
审 核	第五元素	设 计	第五元素产品开发小组	页

182

识图要点：

XGZ-C27（型钢柱-代号 C27），柱子截面尺寸 800mm×800mm，四根角筋为直径 22mm 的三级钢，箍筋直径为 14mm，间距 100。柱截面 b 边钢筋为 6 根直径 20mm 的三级钢，h 边为 6 根 22 的三级钢。括号内配筋信息对应标高 39.550～43.550m 范围内的做法。拉钩 8 根，直径同箍筋直径 14mm，布置方法参照图示排布方式。

XGZ-C12（型钢柱-代号 C12）箍筋配筋信息参照上述 C27 理解，不同之处在于，中部实线拉钩为贯通拉钩，从钢骨腹板开孔穿过，虚线拉钩为非贯通拉钩，与钢骨通过焊接进行连接。

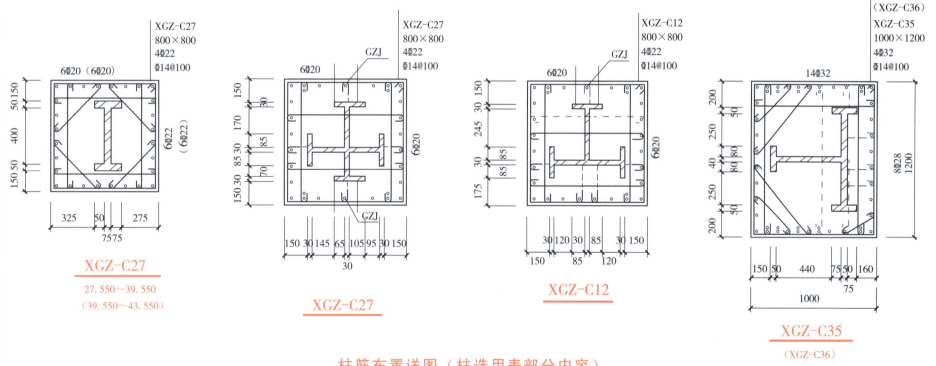

柱筋布置详图（柱选用表部分内容）

章节号	第四节			施工蓝图案例解析		
审 核	第五元素	设 计		第五元素产品开发小组	页	183

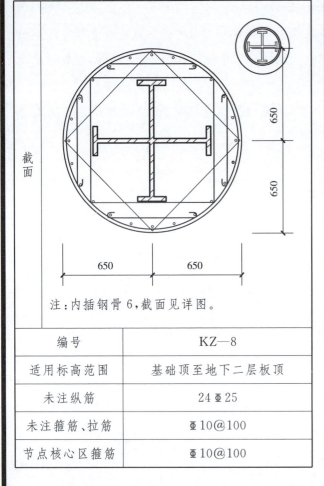

注:内插钢骨6,截面见详图。

编号	KZ—8
适用标高范围	基础顶至地下二层板顶
未注纵筋	24Φ25
未注箍筋、拉筋	Φ10@100
节点核心区箍筋	Φ10@100

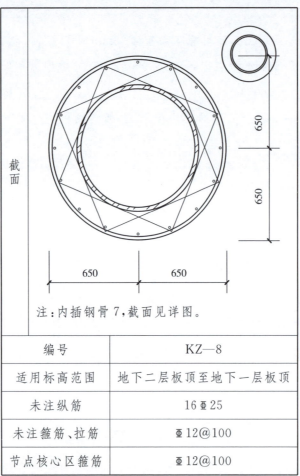

注:内插钢骨7,截面见详图。

编号	KZ—8
适用标高范围	地下二层板顶至地下一层板顶
未注纵筋	16Φ25
未注箍筋、拉筋	Φ12@100
节点核心区箍筋	Φ12@100

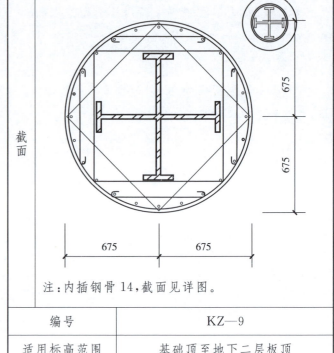

注:内插钢骨14,截面见详图。

编号	KZ—9
适用标高范围	基础顶至地下二层板顶
未注纵筋	24Φ25
未注箍筋、拉筋	Φ10@100/200
节点核心区箍筋	Φ10@100/200

识图要点:

表中框架柱为型钢混凝土圆柱,钢骨有圆形和十字形两种,图一的适用范围为基础顶至地下二层顶板,柱直径为1300mm,纵向受力钢筋为24根25mm的三级钢,箍筋和拉钩为直径10mm的三级钢,排列方式参照图示内容。内插钢骨代号6,截面尺寸等信息参照钢骨详图。(图二、图三看图方法同图一)

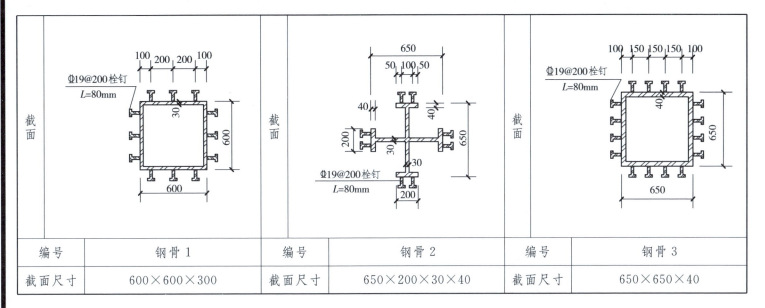

截面		截面		截面	
编号	钢骨 1	编号	钢骨 2	编号	钢骨 3
截面尺寸	600×600×300	截面尺寸	650×200×30×40	截面尺寸	650×650×40

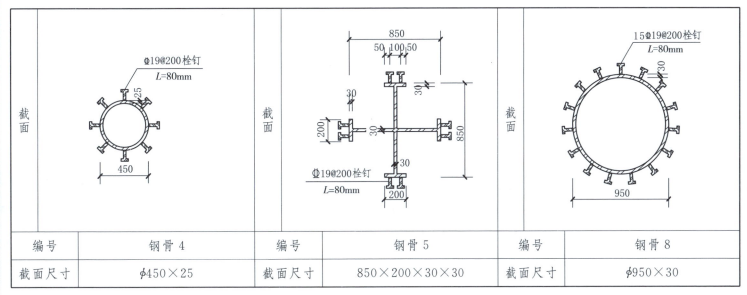

截面		截面		截面	
编号	钢骨 4	编号	钢骨 5	编号	钢骨 8
截面尺寸	φ450×25	截面尺寸	850×200×30×30	截面尺寸	φ950×30

识图要点：

表格为钢骨截面详图,钢骨1截面尺寸为600mm×600mm×300mm,钢骨方管壁厚为30mm。每一边栓钉数量为3排,栓钉之间间距为200mm,栓钉距端部距离为100mm,栓钉的长度为80mm,栓钉直径为19mm的三级钢,竖向布置间距为200mm。

(钢骨2～钢骨6的看图方法与钢骨1类似)

章节号	第四节	**施工蓝图案例解析**		
审 核	第五元素	设 计	第五元素产品开发小组	页 185

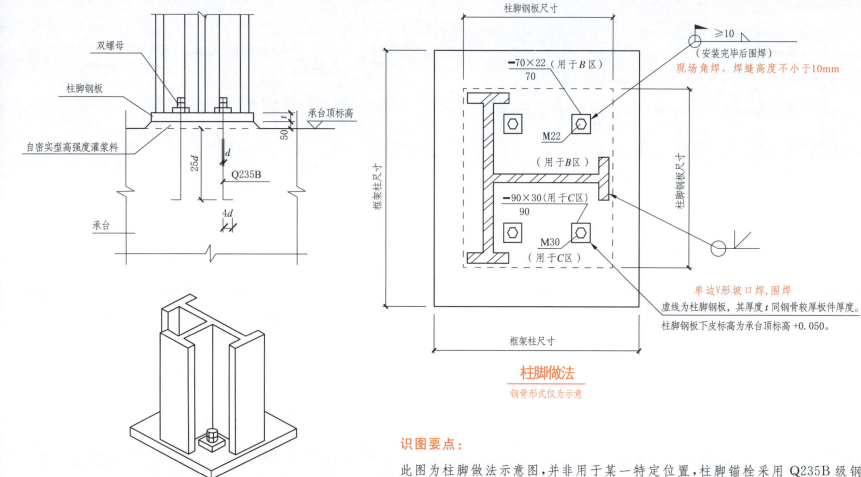

柱脚做法

钢骨形式仅为示意

识图要点：

此图为柱脚做法示意图，并非用于某一特定位置，柱脚锚栓采用 Q235B 级钢，长度为 $25d$，弯钩长度为 $4d$，d 为锚栓直径。C 区锚栓垫板尺寸为 $90mm \times 90mm$，厚度 $30mm$，分为 $A/B/C$ 三个区域，不同区域垫板规格不同。

在柱脚布置图中每一个柱脚有各自的代号，可通过代号进行查表。

章节号	第四节		施工蓝图案例解析		
审 核	第五元素	设 计	第五元素产品开发小组	页	186

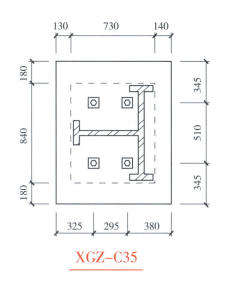

XGZ-C35

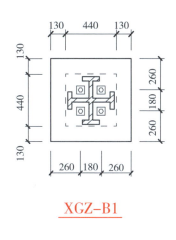

XGZ-B1

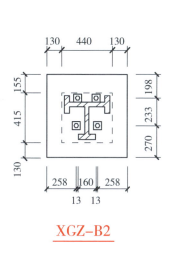

XGZ-B2

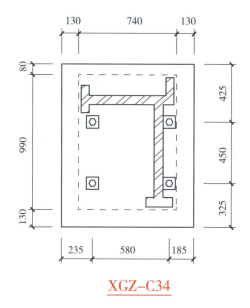

XGZ-C34

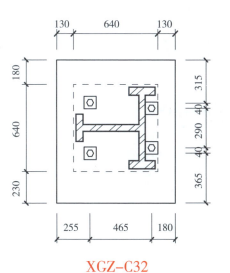

XGZ-C32

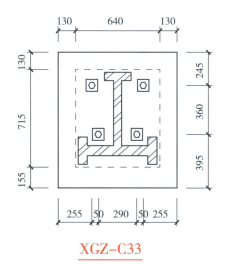

XGZ-C33

识图要点：

此图为现场施工图中节选的有代表性的几种柱脚类型,与现场柱脚布置平面图标注代号相对应,通过查表确认柱脚尺寸及形式。

柱脚详图（柱脚选用表部分内容）

章节号	第四节		施工蓝图案例解析		
审 核	第五元素	设 计	第五元素产品开发小组	页	187

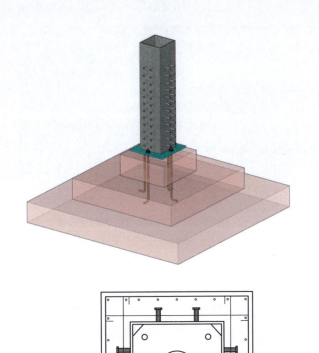

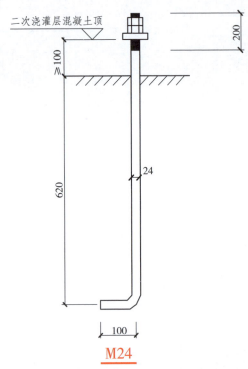

二次浇灌层混凝土顶

200

≥100

620

24

100

M24

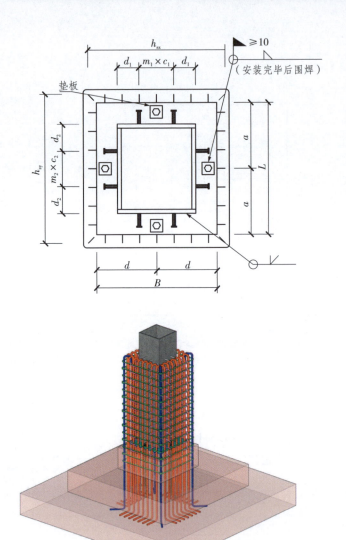

≥10

（安装完毕后围焊）

垫板

h_{sx}

d_1　$m_1 \times c_1$　d_1

d_2

$m_2 \times c_2$

h_{sy}

d_2

a

L

a

d　d

B

详表

型钢混凝土外包式柱脚

章节号	第四节	施工蓝图案例解析		
审　核	第五元素	设　计	第五元素产品开发小组	页	188

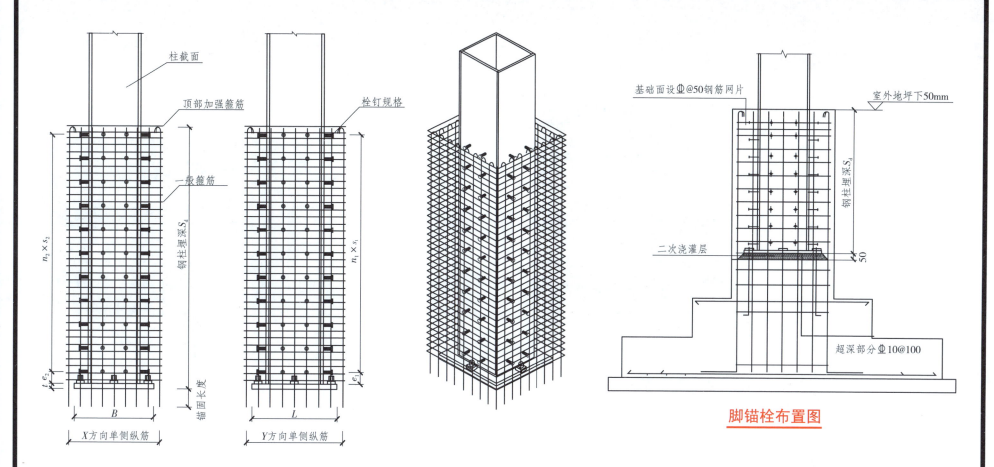

柱截面
顶部加强箍筋
一般箍筋
栓钉规格
钢柱埋深 S_d
$n_2 \times s_2$
t e_2
B
X方向单侧纵筋
锚固长度
$n_1 \times s_1$
e_1
L
Y方向单侧纵筋

基础面设Φ50钢筋网片
室外地坪下50mm
二次浇灌层
钢柱埋深 S_d
50
超深部分Φ10@100

脚锚栓布置图

外包柱脚节点参数表

柱截面	底板与柱下端连接焊缝形式	底板 $L \times b \times t$	锚栓	型号直径	孔φ0+0	轴$d+d$	垫板 边长×厚度×孔φ	S_d	栓钉规格	翼缘侧栓钉间距	单侧纵筋 x方向 y方向(柱尺寸)	一般箍筋顶部加强箍筋
☐ 350×500×16×16	对接焊缝	550×700×20	M24	φ30	275+275	275+275	65+16+26	1250	GB/T 10433 16×70	@150	7Φ22 9Φ22 (柱尺寸750×900)	Φ10@100 3Φ12@50
☐ 350×500×16×16	对接焊缝	550×550×20	M24	φ30	275+275	275+275	65+16+26	1050	GB/T 10433 16×70	@150	7Φ22 7Φ22 (柱尺寸750×750)	Φ10@100 3Φ12@50
☐ 350×500×12×12	对接焊缝	550×550×20	M24	φ30	275+275	275+275	65+16+26	1050	GB/T 10433 16×70	@150	7Φ22 7Φ22 (柱尺寸750×750)	Φ10@100 3Φ12@50

一、材料要求

（1）型钢混凝土结构的混凝土强度等级不宜低于C30；有抗震设防要求时剪力墙不宜超过C60；其他构件，设防烈度9度时不宜超过C60；8度时不宜超过C70。

（2）抗震等级为一、二、三级的框架和斜撑构件，其纵向受力钢筋采用普通钢筋时应符合下列要求：

①钢筋的抗拉强度实测值与屈服强度实测值的比值不应小于1.25；

②钢筋的屈服强度实测值与屈服强度标准值的比值不应大于1.3；

③钢筋在最大拉力下的总伸长率实测值不应小于9%。

（3）钢结构的钢材应符合下列要求：

①钢材的屈服强度实测值与抗拉强度实测值的比值不应大于0.85；

②钢材应有明显的屈服台阶，且伸长率不应小于20%；

③钢材应有良好的焊接性和合格的冲击韧性。

（4）钢筋与型钢连接采用的套筒应为可焊接机械连接套筒，连接套筒的钢材不应低于Q345B的低合金高强度结构钢，其抗拉强度不应小于连接钢筋抗拉强度标准值的1.1倍，连接套筒与钢构件应采用等强焊接并在工厂完成。

（5）用于与套筒连接的钢筋，其接头质量应符合现行行业标准《滚轧直螺纹钢筋连接接头》(JG 163)和《镦粗直螺纹钢筋接头》(JG 171)的要求。

（6）型钢混凝土结构构件的混凝土最大骨料直径宜小于型钢外侧混凝土保护层厚度的1/3，且不宜大于25mm。对浇筑难度较大或复杂节点部位，宜采用骨料更小，流动性更强的高性能混凝土。钢管混凝土构件中混凝土最大骨料直径不宜大于25mm。

章节号	第五节			一般构造要求		
审　核	第五元素	设　计	第五元素产品开发小组		页	190

二、保护层厚度

(1)型钢混凝土构件中钢筋的混凝土保护层厚度应满足下表要求。

混凝土保护层的最小厚度		
环境类别	板、墙	梁、柱
一	15	20
二 a	20	25
二 b	25	35
三 a	30	40
三 b	40	50

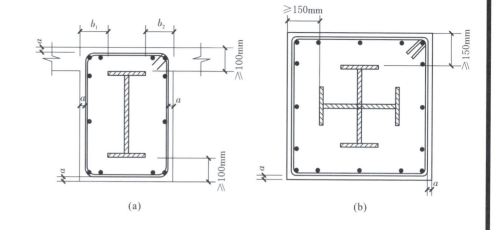

(a)　　　　　　　(b)

注:1.表中混凝土保护层厚度指最外层钢筋外边缘至混凝土表面的距离,适用于设计使用年限50年的混凝土结构。

2.混凝土强度等级不大于C25时,表中保护层厚度应增加5mm。

3.钢筋混凝土基础宜设置混凝土垫层,基础中钢筋的混凝土保护层厚度应从垫层顶面算起,且不应小于40mm。

4.当构件中纵向受力钢筋的混凝土保护层厚度大于50mm时,应对保护层采取有效的防裂构造措施。当在保护层内配置防裂、防剥落的钢筋网片时,网片钢筋的保护层厚度不应小于25mm。

5.对有防火要求的建筑,其混凝土保护层尚应符合国家现行有关标准的要求。

6.混凝土构件的环境类别划分详见《混凝土结构设计规范》。

(2)型钢混凝土梁中型钢的混凝土保护层最小厚度不宜小于100mm,且梁内型钢翼缘离两侧之和(b_1+b_2),不宜小于截面宽度的1/3,如图(a)所示。

(3)型钢混凝土柱中型钢的混凝土保护层最小厚度不宜小于150mm,如图(b)所示。

(4)型钢混凝土端部配置的型钢,其保护层厚度宜大于100mm。

章节号	第五节		一般构造要求		
审 核	第五元素	设 计	第五元素产品开发小组	页	191

(5)型钢混凝土的埋入式柱脚,伸入基础内型钢外侧的混凝土保护层的最小厚度,中柱不应小于180mm,边柱和角柱不应小于250mm。如下图所示。

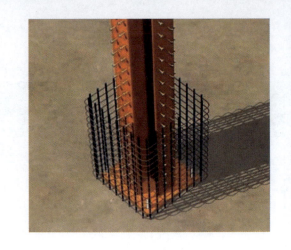

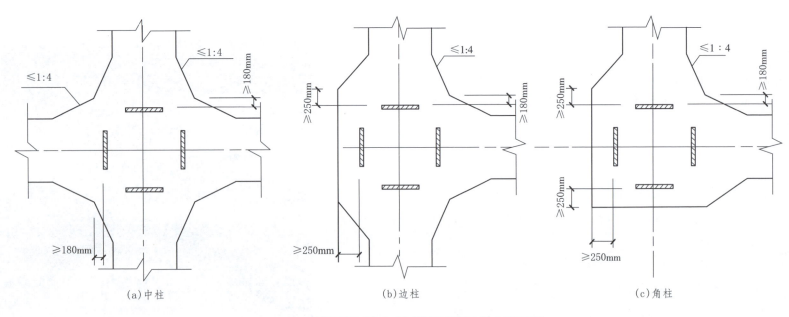

(a)中柱   (b)边柱   (c)角柱

型钢混凝土柱脚型钢保护层要求

章节号	第五节	**一般构造要求**			
审 核	第五元素	设 计	第五元素产品开发小组	页	192

三、钢筋间距

（1）型钢混凝土梁纵向钢筋净间距及梁纵向钢筋与型钢骨架的最小净间距不应小于30mm，且不小于粗骨料最大粒径的1.5倍及梁纵向钢筋直径的1.5倍。如下图所示。

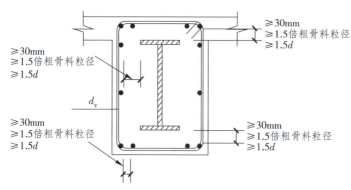

型钢混凝土梁构件截面构造要求

d—纵筋直径；d_v—箍筋直径

（2）型钢混凝土柱纵向钢筋净间距不宜小于50mm，不宜大于300mm，且不应小于柱纵向钢筋直径的1.5倍。柱纵向钢筋与型钢的最小净距不应小于30mm，且不应小于粗骨料最大粒径的1.5倍。如下图所示。

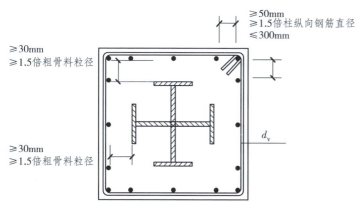

型钢混凝土柱构件截面构造要求

d—纵筋直径；d_v—箍筋直径

（3）型钢混凝土柱的纵向钢筋尽量设置在柱角部，但每个角部不宜多于5根。纵向受力钢筋直径不宜小于16mm。当柱纵向钢筋无法避开梁型钢翼缘或柱型钢牛腿翼缘，造成柱纵筋净距大于300mm时，可附加配置直径不小于14mm的纵向构造钢筋。构造钢筋与翼缘采用套筒连接，如右图所示。

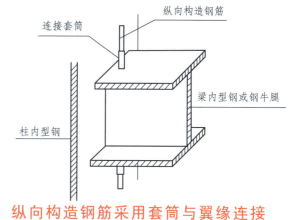

纵向构造钢筋采用套筒与翼缘连接

（4）剪力墙的水平和竖向分布钢筋间距不宜大于300mm。部分框支剪力墙结构的底部加强部位，分布钢筋间距不应大于200mm。

（5）当梁的腹板高度大于450mm时，在梁的两侧面应沿梁高度配置纵向构造钢筋，纵向构造钢筋的间距不宜大于200mm。腰筋与型钢间宜每隔一根腰筋配置拉结钢筋，如下图所示。

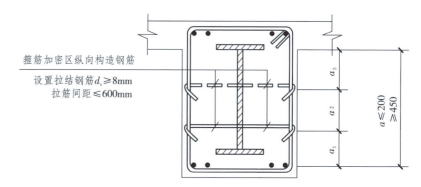

型钢混凝土梁纵向构造钢筋构造要求

章节号	第五节	一般构造要求		
审 核	第五元素	设 计	第五元素产品开发小组	页 193

四、搭接长度内箍筋构造

（1）下图用于梁、柱类构件搭接区箍筋设置。

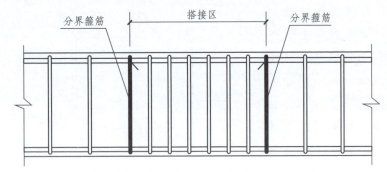

纵向受力钢筋搭接区箍筋构造

（2）搭接区内箍筋直径不小于 $d/4$（d 为搭接钢筋最大直径），间距不应大于 100mm 及搭接钢筋最小直径的 5 倍二者的较小值。

（3）当受压钢筋直径大于 25mm 时，尚应在搭接接头两个端面外 100mm 的范围内各设置两道箍筋。型钢混凝土框架柱和转换柱最外层纵向受力钢筋的混凝土保护层最小厚度应符合现行国家标准《混凝土结构设计规范》（GB 50010—2012）的规定。型钢的混凝土保护层厚度（图）不宜小于 200mm。

五、型钢穿孔要求

（1）孔洞边距离型钢不宜小于 30mm，如右图所示。型钢腹板截面损失率宜小于腹板面积的 25%，当超过 25% 时应采用补强板进行补强，如右图所示。

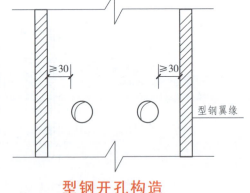

型钢开孔构造

（2）补强板尺寸建议值

① $T_r = (0.5 \sim 0.7) t_w$

② $W \geqslant d$ 且 $\geqslant 20\text{mm}$

③ $S \geqslant d$，且 $\leqslant 12t_r$ 和 200mm 的较小值

④ $t = h_f + 2 \sim 4\text{mm}$（$h_f$ 为补强板焊脚尺寸）

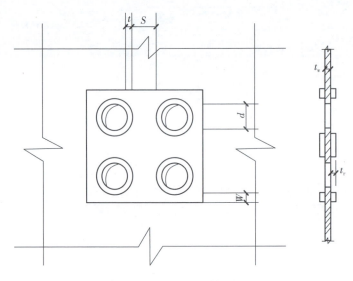

型钢多孔洞补强板构造

（3）节点处梁纵向钢筋不宜穿过型钢翼缘，也不应与型钢直接焊接，梁中纵向钢筋应尽可能多的贯通节点，其余纵向钢筋可在柱内型钢腹板上预留贯穿孔。开孔应在工厂加工预留，严禁在现场制孔。建议常用钢筋穿孔孔径见下表。

常用钢筋穿孔的孔径					
钢筋直径	10	12	14	16	18	20
穿孔孔径	15	18	20～22	20～24	22～26	25～28
钢筋直径	22	25	28	32	36	40
穿孔孔径	26～30	30～32	36	40	44	48

章节号	第五节			一般构造要求		
审 核	第五元素	设 计	第五元素产品开发小组		页	194

第六章　大跨度空间结构

第一节 网壳结构

在人类社会的发展历程中,大跨度空间结构常常是建筑师追求的梦想和目标。其中,网壳结构的发展经历了一个漫长的历史演变过程。古代的人类通过仔细观察,发现自然界中存在大量受力特性良好、形式简洁美观的天然空间结构,如蛋壳、蜂窝、鸟类的头颅、肥皂泡、山洞等。

网壳兼有平板网架结构和薄壳结构的优点,构造和施工方法简单,造型优美,受力合理。

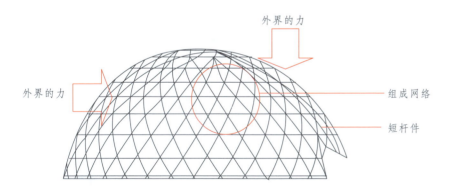

国家大剧院双层网壳结构

章节号	第一节		网壳结构		
审 核	第五元素	设 计	第五元素产品开发小组	页	197

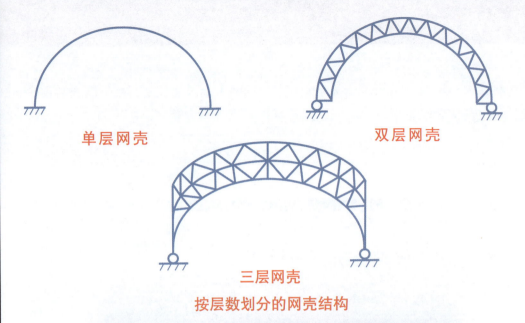

单层网壳

双层网壳

三层网壳

按层数划分的网壳结构

单层网壳结构

三层网壳结构

章节号	第一节		网壳结构		
审 核	第五元素	设 计	第五元素产品开发小组	页	198

第二节　张弦结构

张弦结构是由上弦刚性压弯构件（或结构）与下弦柔性索组合,通过合理布置撑杆而形成的自平衡受力体系。张弦结构的上弦刚性构件可以是梁、拱、立体桁架、网壳等多种形式。柔性下弦是引入预应力的柔索,包括拉索、小直径圆钢拉杆、大直径钢棒等多种形式。

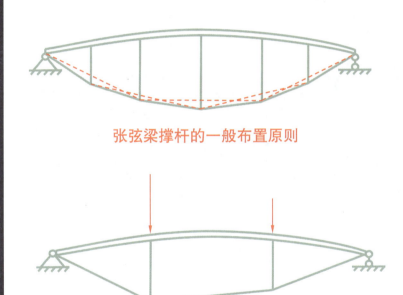

张弦梁撑杆的一般布置原则

在固定集中力作用位置布置撑杆

预应力拉索　撑杆

张弦梁

上海浦东机场张弦结构

章 节 号	第二节		张弦结构		
审　核	第五元素	设　计	第五元素产品开发小组	页	199

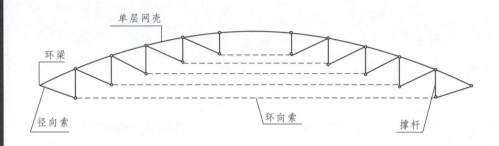

单层网壳

环梁

径向索

环向索

撑杆

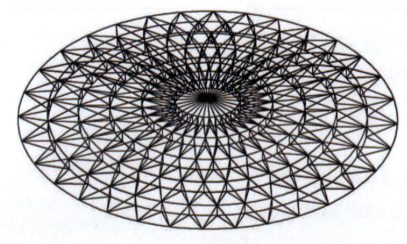

弦支穹顶简图

径向拉索

撑杆

受力屋架

环向拉索

弦支穹顶

章节号	第二节	张弦结构		
审 核	第五元素	设 计	第五元素产品开发小组	页	200

第三节　桁架结构

　　桁架一般由上弦杆、腹杆(竖杆和斜腹杆)组成,结构受力合理,计算简单,施工方便,适应性强,因此在工程中得到广泛的应用。在房屋建筑中,桁架常用作屋盖承重结构,称为屋架。目前在工业厂房结构中常见的屋架就是典型的桁架。如今,桁架结构已经有多种多样的形式,不局限于屋架,在一些大跨度结构、高层建筑、桥梁中都有非常广泛的应用。

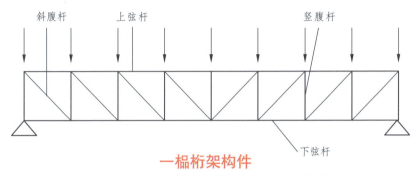

斜腹杆　　　上弦杆　　　　　　　竖腹杆

下弦杆

一榀桁架构件

单向桁架结构

塔吊桁架结构

章节号	第三节	桁架结构		
审核	第五元素	设计	第五元素产品开发小组	页	201

桁架多应用于受弯构件,在外荷载的作用下,桁架的上弦受压、下弦受拉,由此形成力偶来平衡外荷载所产生的弯矩。外荷载所产生的剪力则是由斜腹杆轴力中的竖向分量来平衡。桁架各杆件单元(上弦杆、下弦杆、斜腹杆、竖杆)均为轴向受拉或轴向受压构件,使材料的强度可以得到充分的发挥。

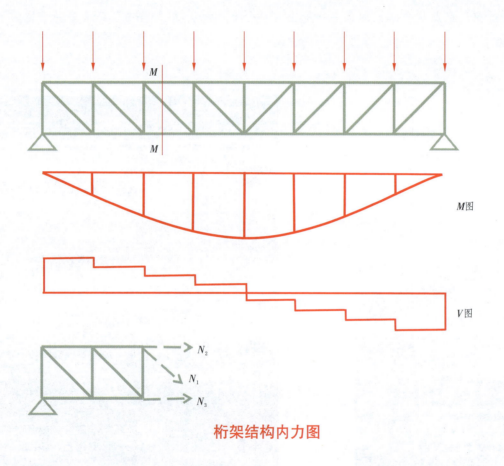

桁架结构内力图

章节号	第三节		桁架结构		
审　核	第五元素	设　计	第五元素产品开发小组	页	202

二、钢桁架的分类

上承式简支桁架

下承式简支桁架

章节号	第三节		桁架结构		
审 核	第五元素	设 计	第五元素产品开发小组	页	203

第四节　网架结构

　　网架结构是由多根杆件按照一定的网格形式通过节点连接而成的空间结构。具有空间受力小、重量轻、刚度大、抗震性能好等优点;可用作体育馆、影剧院、展览厅、候车厅、体育场看台雨篷、飞机库、双向大柱距车间等建筑的屋盖。缺点是汇交于节点上的杆件数量较多,制作安装较平面结构复杂。

　　按组成方式不同可分为4大类:交叉桁架体系网架,三角锥体系网架,四角锥体系网架,六角锥体系网架。

　　按支撑方式分类可分为:上弦支撑网架和下弦支撑网架。

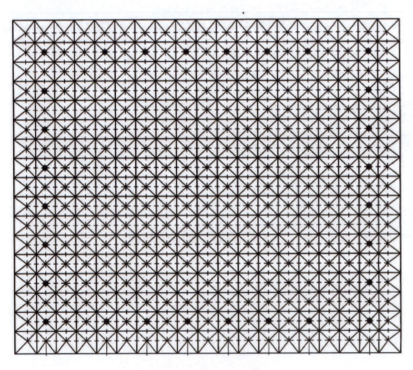

正放四角锥网架

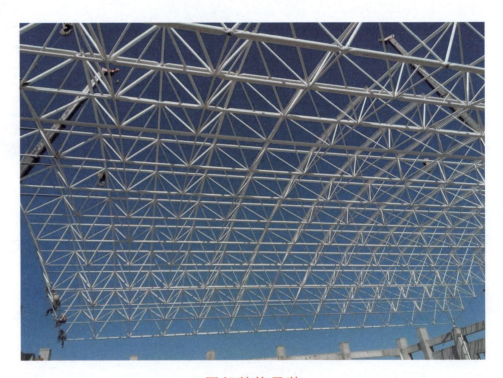

网架整体吊装

章节号	第四节	网架结构		
审　核	第五元素	设　计	第五元素产品开发小组	页　204

一、网架常用的节点形式

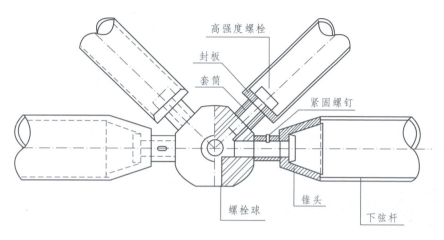

高强度螺栓
封板
套筒
紧固螺钉
螺栓球
锥头
下弦杆

网架螺栓球节点

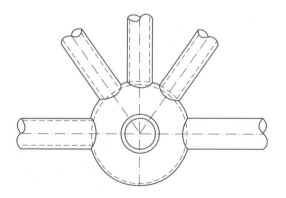

网架焊接球节点

章节号	第四节	网架结构			
审 核	第五元素	设 计	第五元素产品开发小组	页	205

二、钢网架构成：上弦杆、下弦杆、腹杆、钢球、支座、支托等

支托

焊接球

支座

螺栓球

章节号	第四节	网架结构		
审 核	第五元素	设 计	第五元素产品开发小组	页 206

三、螺栓球节点构造：钢球、螺栓、套筒、销钉、锥头(或封板)等

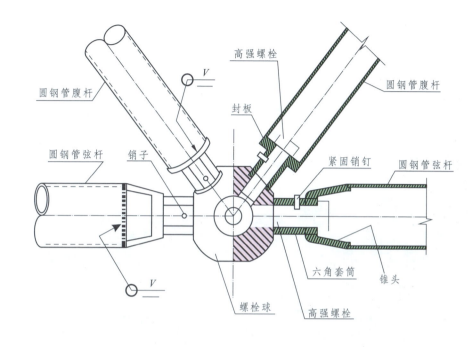

圆钢管腹杆
高强螺栓
封板
圆钢管腹杆
圆钢管弦杆
销子
紧固销钉
圆钢管弦杆
六角套筒
锥头
螺栓球
高强螺栓

四、节点连接件：螺栓、套筒、销钉、锥头(或封板)等

| 封板 | 锥头 | 套筒 | 高强螺栓 | 销钉 |

章节号	第四节		网架结构		
审核	第五元素	设 计	第五元素产品开发小组	页	207

五、杆件与套筒的连接

钢管与球连接时,为使钢管头的螺栓能够紧密的拧在球的螺孔中而设计了六角套筒。

第七章　钢结构焊接工程

第一节 焊接基础知识

钢结构焊接技术是钢结构制造的关键技术和制造质量的保证,在建筑工程中起着非常重要的作用。

由焊接材料及焊接工序所形成之焊缝,其机械性能应不低于原构件的等级。

钢结构常用的焊接方法有哪些?

1.手工电弧焊

这是最常用的一种焊接方法,手工电弧焊设备简单,操作灵活方便,适于任意空间位置的焊接,特别适于焊接短焊缝。但生产效率低,劳动强度大,焊接质量与焊工的技术水平和精神状态有很大的关系。

2.自动或半自动埋弧焊(电弧焊)

埋弧焊是电弧在焊剂层下燃烧的一种电弧焊方法。焊丝送进和焊接方向的移动有专门机构控制的称埋弧自动电弧焊,焊丝送进有专门机构控制,而焊接方向的移动靠工人操作的称为埋弧半自动电弧焊。

3.气体保护焊

气体保护焊是利用二氧化碳气体或其他惰性气体作为保护介质的一种电弧熔焊方法。它直接依靠保护气体在电弧周围造成局部的保护层,以防止有害气体的侵入并保证了焊接过程的稳定性。气体保护焊的焊缝熔化区没有熔渣,焊工能够清楚地看到焊缝成型的过程;由于保护气体是喷射的,有助于熔滴的过渡;又由于热量集中,焊接速度快,焊件熔深大,故所形成的焊缝强度比手工电弧焊高,塑性和抗腐蚀性好,适用于全位置的焊接。但不适用于在风较大的地方施焊。

4.电阻焊

电阻焊是利用电流通过焊件接触点表面电阻所产生的热来熔化金属,再通过加压使其焊合。电阻焊只适用于板叠厚度不大于12mm的焊接。对冷弯薄壁型钢构件,电阻焊可用来缀合壁厚不超过3.5mm的构件。

什么是焊条?

"焊条"就是可熔解金属条,施焊时,焊条逐渐被熔化,被熔化的金属与母材紧密连接在一起。焊条也被称作熔解金属、焊接金属、熔解材料等。

"母材"就是被连接体。在焊接过程中,母材也会部分熔化。

施焊时,熔解金属和部分母材一同被熔化,待凝固以后就成为一体。这就是焊接原理。焊条和母材应使用同一种钢材。

焊条

章节号	第一节		焊接基础知识		
审 核	第五元素	设 计	第五元素产品开发小组	页	211

焊条的生产已经工业化,工厂生产出来的焊条制成品都是用树脂包装后,装进袋子里成捆出售的。焊条全部使用完后,应该及时补充。

什么是焊剂?

焊剂也叫钎剂,是焊接时,能够熔化形成熔渣和(或)气体,对熔化金属起保护和冶金物理化学作用的一种物质。包括熔盐、有机物、活性气体、金属蒸气等。焊剂的作用包括去除焊接面的氧化物,降低焊料熔点和表面张力,尽快达到钎焊温度;保护焊缝金属在液态时不受周围大气中有害气体影响;使液态钎料有合适流动速度以填满钎缝。

什么是焊丝?

焊丝是焊条的替代品,是可以自动输送的金属丝。

有的构件的焊接,需要用焊丝替代焊条。在焊丝和母材之间产生电火花,焊丝被热熔化,充当熔化金属。

焊丝成卷出售。把焊丝卷装入卷扬设备中,开始焊接时,焊丝会自动输送。

由于起焊条作用的焊丝可以自动输送,故称之为半自动焊接。虽说是半自动(半自动→仅仅表现为自动输送焊丝),大部分还是需要手工操作。

焊剂

焊丝

覆盖焊条表面的黑色物质是什么?

焊条表面的黑色物质是在焊接时,为了阻断空气而使用的保护材料。

焊接时,如果焊接点与空气接触,在熔解金属中容易形成氧化铁、气孔,这些现象属于焊接缺陷。焊接时,采用很多方法防止焊接处与空气接触。阻断空气的做法被称为覆盖、埋藏、潜伏等,一般与焊接名称一起使用。

焊条表面的黑色保护物质,也是起隔绝空气的作用的。它由若干矿物质、玻璃等组成。其工作原理是:焊接时产生的热量使黑色保护物质变成雾气来阻断空气,而且相伴产生的熔渣(渣滓)覆盖熔化金属,也可起到阻断空气的作用。

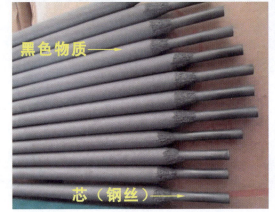

黑色物质——

芯（钢丝）——

焊剂

闪光焊接中的闪光是什么?

焊接过程中的闪光是电在空气中的放电现象。

通电状态下拉闸或者从面板上拔出插销,有时会发生瞬间闪火花的现象。这种现象称为电火花、闪光、电弧等。

电在放电时,会产生热量。利用此热量可以熔解金属进行焊接,我们称之为闪光焊接。由于闪光焊接时的电力状况为低电压、高电流,故闪光焊接相对安全。钢结构施工中采用的焊接方式,几乎都是闪光焊接。气焊的连接方式已经不怎么采用。

取焊接名称,有时加入闪光一词,有时不加入,如:埋弧焊接、埋弧闪光焊接、半自动焊接、半自动闪光焊接等。

章节号	第一节			焊接基础知识		
审 核	第五元素	设 计	第五元素产品开发小组		页	212

在哪里产生闪光?

闪光一般在焊条与母材之间产生。

在焊条与母材之间形成电压,焊条与母材的距离接近几毫米时,会产生电火花。大电流会产生高热量,使得钢材被熔化。

焊条用连接有火线的手握式焊枪夹住,母材用连接有地线的金属夹子夹住。

母材与电线的连接,称为接地,其电线称为接地线、接地缆线。接地线可以直接与母材连接,也可以连接在放置母材的金属工作台上。另一方面,连接焊枪的电线称为火线、焊枪缆线。

什么是半自动闪光埋弧焊?

在焊丝中,事先附着黑色保护物质,以便在施焊时隔绝空气的焊接方式叫作半自动埋弧焊。与焊条一样,半自动埋弧焊也是利用黑色保护物质产生的雾气和熔渣来阻断空气。

因焊丝自带黑色保护物质进行防护工作,故称作自带型防护。电火花产生的热量熔化焊丝周围的黑色保护物质,使其产生雾气和熔渣,达到使焊接部位与空气隔绝的目的。

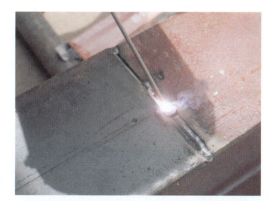

由于焊丝自带黑色保护物质自动输送,所以也算是半自动闪光焊接。与前述的焊丝一样,带有黑色保护物质的焊丝也是成卷出售的。

什么是气密型半自动闪光埋弧焊?

它是指利用二氧化碳等气体,覆盖焊接部位的焊接工艺。

它是一种使用气体阻断空气的焊接方法。使用的气体包括二氧化碳(碳酸类气体)、氩气等,都属于不燃气体。

利用气体进行保护时,不需要另外的黑色保护物质。使用时,气体从安装在焊丝周围的喷管中喷出来,阻断焊接部位与空气(氧气)的接触。

这种焊接方法,焊丝也是自动输送的,属于半自动焊接。与气体保护结合在一起,就是气密型半自动闪光埋弧焊。

什么是全自动闪光埋弧焊?

它是指在工厂使用的向下型自动埋弧焊接。它是一种能够有效阻断空气的焊接方法。

Submerge 的原意是隐藏、埋藏,是指在焊接过程中,几乎看不见电火花。各种焊接方法都在力求阻隔空气,但在效果方面,向下型自动埋弧焊接最理想。

向下型自动埋弧焊接,其焊丝输送、阻断空气、气炬的移动都是自动的。焊接时,气炬随台车移动,可以翻转母材。焊接钢板制作H型钢(焊接 H 型钢)需要很长的焊缝,最适合在工厂制作。这种焊接方法也叫作全自动闪光埋弧焊。

章节号	第一节			焊接基础知识		
审核	第五元素	设计		第五元素产品开发小组	页	213

什么是焊接气炬？

它是自带保护型半自动闪光埋弧焊、气密型半自动闪光埋弧焊中使用的器具。在焊接工艺术语中，是指手持的焊接器具。在气焊中，的确能够看到类似手持火炬的情形，不过现在基本上不使用气焊方式了。

使用气炬焊接时，焊丝自动输送。气密型焊接中，二氧化碳等气体也自动从喷嘴中喷出。采用自带黑色保护物质的焊接，其工作状态与气密型焊接类似。焊接时，用手握紧气炬并移动气炬完成工作。

（覆盖型闪光焊接→焊枪＋焊条）

（半自动闪光焊接→气炬＋焊丝）

什么是坡口？

如下图，为了使熔化金属容易流进，在板边特意切开的沟槽状口子。

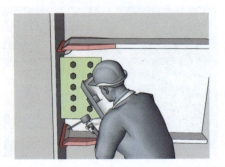 

采用焊接方式连接板材时，使熔化金属完全地与板材熔合在一起的方法就是完全对接焊接（全熔透对接焊接）。与贴着板边焊接的贴角焊缝不同，完全对接焊接是用熔化金属把母材完整地一体化。

要使熔化金属完全熔透，最有效的办法就是制作沟槽状口子，因为熔化金属很容易流进沟槽中。这个沟槽状口子，在建筑术语中叫作坡口。坡口的斜度一般为35°至45°，坡口型全熔透对接焊缝也叫作沟槽焊缝。

什么是贴角焊缝？

在垂直连接母材时，熔化金属在连接板边呈三角形截面的焊接叫作贴角焊缝。这种焊接方法是把熔化金属贴在板边，故而得名贴角焊缝。母材之间通过贴角焊缝连接在一起，母材之间的接触面并不焊接。

承受压力时，可以通过焊缝和母材之间的相互顶紧传递压力；承受拉力时，只能通过角焊缝来传递拉力。因此角焊缝属于不完全传递内力类型。由于母材之间没有形成完整的一体化，所以重要的结构连接不采用这种连接方式。

（全熔透对接焊接→重要结构连接）

（贴角焊缝→次要构件连接）

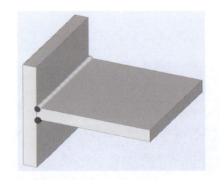 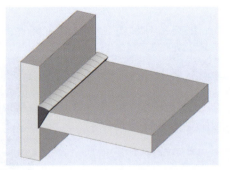

章节号	第一节		焊接基础知识		
审 核	第五元素	设 计	第五元素产品开发小组	页	214

什么是全熔透对接焊接?

全熔透对接焊接是在两个连接件的对接处做坡口,实现完整连接的焊接。

把带有坡口的连接件对接好以后,在坡口填满熔化金属,使连接部位完全熔透的焊接方法,此时,熔化金属和部分熔化的母材,沿着板的厚度方向完全熔合在一起,因此称之为全熔透对接焊接。因为在焊接时,需要做坡口,所以也称作坡口对接焊接。

在焊接时,母材也与熔化金属一起被熔化,冷却以后变成完整的一体。在结构的重要部位,都采用完全对接焊接,也称为全熔透对接焊接。板件的对接焊接,沿着板的厚度方向不完全熔合在一起时,这种焊接不是完全对接焊接,而是部分熔透对接焊接。

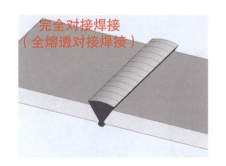 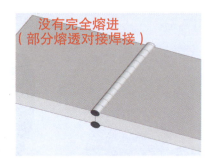

完全对接焊接(全熔透对接焊接)为什么要做坡口?

钢板比较厚的时候,如果不做坡口,则电火花热不能抵达钢板底部,也就是熔化金属流不到焊接底部,不能很好地与底部钢板熔合在一起。

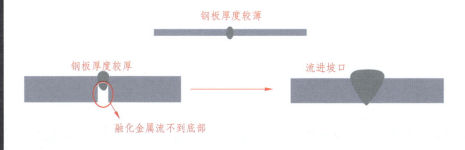

钢板厚度较薄的时候,板缝之间留少许间隔,熔化金属就可以流进板缝之中。当钢板厚度较厚的时候,熔化金属的流动会终止,发生不完全熔透现象,而且气炬或者焊枪进不去,也会使电火花热不能抵达钢板焊缝底部。

因此,在板边切出坡口(斜向切割),可使熔化金属容易抵达钢板底部,使气炬或者焊枪容易进到钢板底部。

什么是焊珠?

在进行焊接时,熔化金属在焊缝表面留下的串珠状波纹叫作焊珠。在建筑术语中,焊缝表面形成的串珠状波纹叫作焊珠。

章节号	第一节		焊接基础知识		
审 核	第五元素	设 计	第五元素产品开发小组	页	215

什么是焊接中的熔吹？

把熔化金属、母材等熔化以后，用风力吹起来，以达到削平钢板的目的。就是用熔化工艺在钢板上做沟槽。

把焊条或焊丝附着于碳素电极，产生电火花，熔化钢板，然后利用压缩空气把熔化金属吹起来。这个方法被称为空气闪光熔吹法。此外，还有气体熔吹法。机械设备有单用的、有半自动焊机兼做熔吹的两用机等。

发现焊接瑕疵时，进行熔吹以后，再进行焊接。在全熔透焊接中，需要从背面补焊时，也采用熔吹工艺。先对背面的焊接部位进行熔吹，制作沟槽，再进行补焊，以达到全熔透的要求。后面也叫作背面。焊接时，如果不想利用垫板可以采用这种办法。

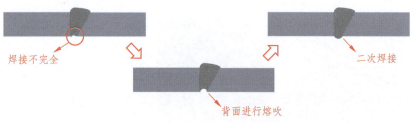

焊接不完全

背面进行熔吹

二次焊接

什么是超声波探伤检验？

超声波探伤检验是利用超声波的反射，检查焊接缺陷的方法。

使超声波通过焊接部位，如果没有缺陷，则除了表面和背面接触点以外，光线不会反射。只有存在不均质的地方，光线才会反射并在显示屏上显示。

显示屏的纵轴表示反射强度，横轴表示反射时间。根据反射时间可以判断距离，也就是缺陷的具体位置、深度。

什么是气体火焰切割？

气体火焰切割是使用火焰将钢板熔化而切割钢板的方式。

气体火焰也叫作气炬、喷灯等，把乙炔、丙烷等可燃气体和氧气输送到气炬后，进行混合，使其燃烧起来。

由于是利用熔化钢材而达到切割目的，故被切割的线不直，截面也是凹凸不平的，而且热造成的不良影响会残留在钢构件中。

在钢结构安装中使用的临时固定构件的切割，经常采用火焰切割。此外，不影响美观的、次要的部位以及拆除钢结构等施工中，也采用火焰切割方法。

焊接材料

焊条　　　　焊丝　　　　焊剂

一、焊条型号分类

(1)焊条型号根据熔敷金属的力学性能、药皮类型、焊接位置和焊接电流种类划分。

(2)焊条型号编制方法如下：字母"E"表示焊条；前两位数字表示熔敷金属抗拉强度的最小值；第三位数字表示焊条的焊接位置，"0"及"1"表示焊条适用于全位置焊接(平、立、仰、横)，"2"表示焊条适用于平焊及平角焊，"4"表示焊条适用于向下立焊；第三位和第四位数字组合时表示焊接电流种类及药皮类型。在第四位数字后附加"R"表示耐吸潮焊条;附加"M"表示耐吸潮和力学性能有特殊规定的焊条;附加"—1"表示冲击性能有特殊规定的焊条。

(3)完整的焊条型号举例:

(4)焊条型号划分举例

焊条型号	药皮类型	焊接位置	电流种类
E43 系列—熔敷金属抗拉强度≥420MPa(43kgf/mm²)			
E4300	特殊型	平、立、仰、横	交流或直流正、反接
E4301	钛铁矿型		
E4310	高纤维素钠型		直流反接
E4322	氧化铁型	平	交流或直流正接
E4324	铁粉钛型	平、平角焊	交流或直流正、反接
E4328	铁粉低氢型		交流或直流反接
E50 系列—熔敷金属抗拉强度≥490MPa(43kgf/mm²)			
E5001	钛铁矿型	平、立、仰、横	交流或直流正、反接
E5003	钛钙型		
E5018M	铁粉低氢型		直流反接
E5023	铁粉钛钙型	平、平角焊	交流或直流正、反接
E5027	铁粉氧化铁型		交流或直流正接
E5048	铁粉低氢型	平、立向下、仰、横	交流或直流反接

注释:1.焊接位置栏中文字含义:平—平焊、立—立焊、仰—仰焊、横—横焊、平角焊—水平角焊、立向下—向下立焊。

2.焊接位置栏中立和仰是指适用于立焊和仰焊的直径不大于 4.0mm 的 E5014、EXX15、EXX16、E5018、E5018M 型焊条及直径不大于 5.0mm 的其他型号焊条。
3.E4322 型焊条适宜单道焊。

二、焊条的相关技术要求

1.焊条尺寸

焊条直径(mm)		焊条长度(mm)	
基本尺寸	极限偏差	基本尺寸	极限偏差
1.6	±0.05	200～250	±2.0
2.0		350～500	
2.5			
3.2			
4.0		350～450	
5.0			
5.6			
6.0		450～700	
6.4			
8.0			

注:①允许制造直径 2.4mm 或 2.6mm 焊条代替 2.5mm 焊条,直径 3.0mm 焊条代替 3.2mm 焊条,直径 4.8mm 焊条代替 5.0mm 焊条,直径 5.8mm 焊条代替 6.0mm 焊条。

②根据需方要求,允许通过协议供应其他尺寸的焊条。

2.药皮

(1)焊芯和药皮不应有任何影响焊条质量的缺陷。

(2)焊条引弧端药皮应倒角,焊芯端面应露出,以保证易于引弧。焊条露芯符合如下规定:

①低氢型焊条,沿长度方向的露芯长度不应大于焊芯直径的二分之一或1.6mm两者的较小值。

②其他型号焊条,沿长度方向的露芯长度不应大于焊芯直径的三分之二或2.4mm两者的较小值。

③各种直径焊条沿圆周方向的露芯不应大于圆周的一半。

(3)焊条偏心度应符合如下规定:

①直径不大于2.5mm焊条,偏心度不应大于7%。

②直径为3.2mm和4.0mm焊条,偏心度不应大于5%。

③直径不大于5.0mm焊条,偏心度不应大于4%。

偏心度计算方法如下:

$$焊条偏心度 = \frac{T_1 - T_2}{(T_1 + T_2)/2} \times 100\%$$

式中:T_1——焊条断面药皮层最大厚度+焊芯直径;

T_2——同一断面药皮层最小厚度+焊芯直径。

三、埋弧焊用焊丝及焊剂型号分类

在埋弧焊过程中,焊丝和焊剂直接参与焊接过程中的冶金反应,因而它们的化学成分、物理性能直接影响埋弧焊过程的稳定性及焊接接头性能和质量。

型号分类根据焊丝-焊剂组合的熔敷金属力学性能、热处理状态进行划分。

根据《埋弧焊用碳钢焊丝和焊剂》(GB/T5293—1999),焊丝-焊剂组合的型号编制方法如下:字母"F"表示焊剂;第一位数字表示焊丝-焊剂组合的熔敷金属抗拉强度的最小值;第二位字母表示试件的热处理状态,"A"表示焊态,"P"表示焊后热处理状态;第三位数字表示熔敷金属冲击吸收功不小于27J时的最低试验温度;"—"后面表示焊丝的牌号。

焊丝的牌号:根据《熔化焊用钢丝》(GB/T 14957—1994),焊丝牌号的第一个字母"H"表示焊丝,字母后面的两位数字表示焊丝中平均碳含量,如含有其他化学成分,在数字的后面用元素符号表示;牌号最后的字母表示硫、磷杂质含量的等级,"A"表示优质品,"E"表示高级优质品。

完整的焊丝-焊剂型号示例如下

四、焊丝、焊剂的相关技术要求

1.焊丝尺寸

公称直径(mm)	极限偏差(mm)
1.6,2.0,2.5	0 −0.10
3.2,4.0,5.0,6.0	0 −0.12

注:根据供需双方协议,也可生产其他尺寸的焊丝。

2.焊丝表面质量

①焊丝表面应光滑,无毛刺、凹陷、裂纹、折痕、氧化皮等缺陷或其他不利于焊接操作以及对焊缝金属性能有不利影响的外来物质。

②焊丝表面允许有不超出直径允许偏差的一半的划伤及不超出直径偏差的局部缺陷存在。

③根据供需双方协议,焊丝表面可采用镀铜,其镀层表面应光滑,不得有肉眼可见的裂纹、麻点、锈蚀及镀层。

章节号	第一节		焊接基础知识		
审 核	第五元素	设 计	第五元素产品开发小组	页	218

3.气体保护焊用焊丝

(1)牌号分类

用在钢结构工程中的气体保护焊焊丝,主要为CO_2气体保护焊用焊丝。

根据《气体保护电弧焊用碳钢、低合金钢焊丝》(GB/T 8110—2008),焊丝按化学成分和采用熔化极以及气体保护电弧焊时熔敷金属的力学性能分类。

焊丝型号的表示方法为ERXX-X,子母ER表示焊丝,ER后面的两位数字表示熔敷金属的最低抗拉强度,短划"-"后面的字母或数字表示焊丝化学成分分类代号。如还附加其他化学成分,直接用元素符号表示,并以短划"-"与前面数字分开。

焊丝型号举例如下:

ER 55 - B2 - Mn
- 表示焊丝中含有锰元素
- 表示焊丝化学成分分类代号
- 表示熔敷金属抗拉强度的最低值为550MPa
- 表示焊丝

(2)焊丝表面质量要求

焊丝表面质量应光滑,无毛刺、划痕、锈蚀、氧化皮等缺陷,也不应有其他不利于焊接操作或对焊缝金属有不良影响的杂质。度铜焊丝的镀层应均匀牢固,不应出现起鳞或剥离。焊丝表面也可采用其他不影响焊接和力学性能能的处理方法。

4.焊剂

(1)焊剂为颗粒状,焊剂能自由地通过标准焊接设备的焊剂供给管道、门和喷嘴。焊剂的颗粒度要求应符合下表的规定,但根据供需双方协议的要求,可以制造其他尺寸的焊剂。

普通颗粒度		细颗粒度	
<0.45mm(40目)	≤5%	<0.28mm(60目)	≤5%
>2.50mm(8目)	≤2%	<2.00mm(10目)	≤2%

(2)焊剂含水量不大于0.10%。

(3)焊剂中机械夹杂物(碳粒、铁屑、原材料颗粒、铁合金凝珠及其他杂物)的质量分数不大于0.30%。

(4)焊剂的硫含量不大于0.060%,磷含量不大于0.080%。根据供需双方协议,也可制造硫、磷含量更低的焊剂。

(5)焊剂焊接时焊道应整齐,成型美观,脱渣容易。焊道与焊道之间、焊道与母材过渡平滑,不应产生较严重的咬边现象。

(6)焊丝-焊剂组合焊缝金属射线探伤应符合《金属熔化焊焊接接头射线》(GB/T 3323—2005)中Ⅰ级。

5.常用焊接材料的有关标准

焊接材料	标准及编号
焊条	《碳钢焊条》(GB/T 5117—1995) 《低合金钢焊条》(GB/T 5118—1995)
焊丝和焊剂	《气体保护焊用碳钢、低合金钢焊丝》(GB/T 8110—2008) 《埋弧焊用碳钢焊丝和焊剂》(GB/T 5293—1999)
二氧化碳	《焊接用二氧化碳》(HC/T 2537—1993)
焊钉(栓钉)	《圆柱头焊钉》(CB 10433—2002)
焊材管理	《焊接材料质量管理规程》(JB/T 3323—1996)

章节号	第二节		焊缝质量		
审　核	第五元素	设　计	第五元素产品开发小组	页	220

一、焊缝质量要求

(1)一级、二级焊缝的质量等级及缺陷分级如下表所示：

焊缝质量等级		一级	二级
内部缺陷超声波探伤	评定等级	Ⅱ	Ⅲ
	检验等级	B级	B级
	探伤比例	100%	20%
内部缺陷射线探伤	评定等级	Ⅱ	Ⅲ
	检验等级	AB级	AB级
	探伤比例	100%	20%

注:探伤比例的计数方法应按以下原则确定:

(1)对工厂制作焊缝,应以每条焊缝计算百分比,且探伤长度应不小于200mm,当焊缝长度不足200mm时,应对整条焊缝进行探伤。

(2)对现场安装焊缝,应按同一类型、同一施焊条件的焊缝条数计算百分比,探伤长度应不小于200mm,并应不少于一条焊缝。

(2)T形接头、十字接头、角接接头等要求熔透的对接和角对接组合焊缝,其焊脚尺寸不得小于 $t/4$[下图中(a)、(b)、(c)];设计有疲劳验算要求的吊车梁或类似构件的腹板与上翼缘板连接焊缝的焊脚尺寸为 $t/2$[下图中(d)],且不应大于10mm。焊脚尺寸的允许偏差为0～4mm。

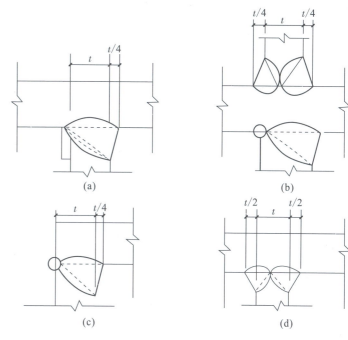

(a)   (b)   (c)   (d)

(3)焊缝表面不得有裂纹、焊瘤等缺陷。一级、二级焊缝不得有表面气孔、夹渣、弧坑裂纹、电弧擦伤、接头不良等缺陷。且一级焊缝不得有咬边、未焊满、根部收缩等缺陷。

(4)对于需要进行焊前预热或焊后热处理的焊缝,其预热温度或后热温度应符合国家现行有关标准的规定或通过工艺试验确定。预热区在焊道两侧,每侧宽度均应大于焊件厚度的1.5倍以上,且不应小于100mm;后热处理应在焊后立即进行,保温时间应根据板厚按每25mm板厚1h确定。

章节号	第二节		焊缝质量		
审核	第五元素	设计	第五元素产品开发小组	页	221

(5)二级、三级焊缝外观质量标准应符合下表的规定。三级对接焊缝应按二级焊缝标准进行外观质量检验。

缺陷类型	允许偏差(mm)	
	二级焊缝	三级焊缝
未焊满 (指不满足设计要求)	$\leqslant0.2+0.02t$,且$\leqslant1.0$	$\leqslant0.2+0.04t$,且$\leqslant2.0$
	通信工程100.0焊缝内缺陷总长$\leqslant25.0$	
根部收缩	$\leqslant0.2+0.02t$,且$\leqslant1.0$	$\leqslant0.2+0.04t$,且$\leqslant2.0$
	长度不限	
咬边	$\leqslant0.05t$,且$\leqslant0.5$;连续长度$\leqslant$100.0,且焊缝咬边总长$\leqslant$10%焊缝全长	$\leqslant1.0t$且$\leqslant1.0$,长度不限
弧坑裂纹	—	允许存在个别长度$\leqslant5.0$的弧坑裂纹
电弧擦伤	—	允许存在个别电弧擦伤
接头不良	缺口深度$\leqslant0.05t$,且$\leqslant0.5$	缺口深度$\leqslant0.1t$,且$\leqslant1.0$
	每1000.0焊缝不应超过一处	
表面夹渣	—	深度$\leqslant0.2t$,且$\leqslant0.5t$,且$\leqslant20.0$
表面气孔	—	每50.0焊缝长度内允许直径$\leqslant0.4t$且$\leqslant3.0$的气孔2个,孔距$\geqslant6$倍孔径

注:表内t为连接处较薄处的板厚。

(6)焊缝尺寸允许偏差要求如下:
(1)对接及完全熔透组合焊缝尺寸允许偏差

项目	图例	允许偏差	
		一、二级	三级
对接焊缝余高C		$B<20$:$0\sim3.0$ $B\geqslant20$:$0\sim4.0$	$B<20$:$0\sim3.5$ $B\geqslant20$:$0\sim5.0$
对接焊缝错边d		$d<0.15t$且$\leqslant2.0$	$d<0.15t$且$\leqslant3.0$

(2)部分熔透组合焊缝和角焊缝外形尺寸允许偏差

项目	图例	允许偏差
焊脚尺寸		$h_f\leqslant6$:$0\sim1.5$ $h_f>6$:$0\sim3.0$
角焊缝余高C		$h_f\leqslant6$:$0\sim1.5$ $h_f>6$:$0\sim3.0$

第三节 焊缝连接要求

受力和构造焊缝可采用对接焊缝、角接焊缝、对接与角接组合焊缝、塞焊焊缝、槽焊焊缝，重要连接或有等强要求的对接焊缝应为熔透焊缝，较厚板件或无需焊透时可采用部分熔透焊缝。

对接焊缝的坡口形式，宜根据板厚和施工条件按现行国家标准《钢结构焊接规范》(GB 50661—2011)要求选用。不同厚度和宽度的材料对接时，应作平缓过渡，其连接处坡度值不宜大于1：2.5(下列两图)。

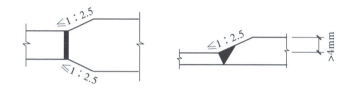

不同宽度或厚度钢板的拼接

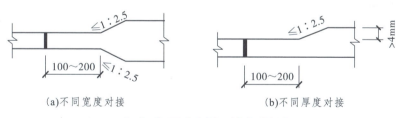

(a)不同宽度对接 (b)不同厚度对接

不同宽度或厚度铸钢件的拼接

一、承受动荷载时，塞焊、槽焊、角焊、对接连接应符合的规定

(1)承受动荷载不需要进行疲劳验算的构件，采用塞焊、槽焊时，孔或槽的边缘到构件边缘在垂直于应力方向上的间距不应小于此构件厚度的5倍，且不应小于孔或槽宽度的2倍；构件端部搭接连接的纵向角焊缝长度不应小于两侧焊缝间的垂直间距，且在无塞焊、槽焊等其他措施时，间距 a 不应大于较薄件厚度 t 的16倍(右图)。

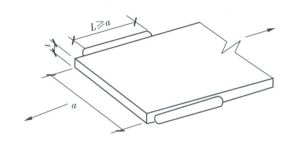

承受动载不需进行疲劳验算时构件端部纵向角焊缝长度及间距要求

a—不应大于16t（中间有塞焊焊缝或槽焊焊缝时除外）

(2)不得采用焊脚尺寸小于5mm的角焊缝；

(3)严禁采用断续坡口焊缝和断续角焊缝；

(4)对接与角接组合焊缝和"T"形连接的全焊透坡口焊缝应采用角焊缝加强，加强焊脚尺寸不应大于连接部位较薄件厚度的1/2，但最大值不得超过10mm；

(5)承受动荷载需经疲劳验算的连接，当拉应力与焊缝轴线垂直时，严禁采用部分焊透对接焊缝；

(6)除横焊位置以外，不宜采用L形和J形坡口；

(7)不同板厚的对接连接承受动载时，应按规定做成平缓过渡。

二、角焊缝的尺寸应符合的规定

(1)角焊缝的最小计算长度应为其焊脚尺寸 h_f 的8倍，且不应小于40mm；焊缝计算长度应为扣除引弧、收弧长度后的焊缝长度；

章节号	第三节		焊缝连接要求	
审 核	第五元素	设 计	第五元素产品开发小组	页 223

(2)断续角焊缝焊段的最小长度不应小于最小计算长度；

(3)角焊缝最小焊脚尺寸宜按下表取值,承受动荷载时角焊缝焊脚尺寸不宜小于5mm；

(4)被焊构件中较薄板厚度不小于25mm时,宜采用开局部坡口的角焊缝；

(5)采用角焊缝焊接连接,不宜将厚板焊接到较薄板上。

母材厚度 t	角焊缝最小焊脚尺寸 h_f
$t \leqslant 6$	3
$6 < t \leqslant 12$	5
$12 < t \leqslant 20$	6
$t > 20$	8

注：1. 采用不预热的非低氢焊接方法进行焊接时,等于焊接连接部位中较厚件厚度,宜采用单道焊缝；采用预热的非低氢焊接方法或低氢焊接方法进行焊接时,等于焊接连接部位中较薄件厚度；

2. 焊缝尺寸均不要求超过焊接连接部位中较薄件厚度的情况除外。

三、搭接连接角焊缝的尺寸及布置应符合的规定

(1)传递轴向力的部件,其搭接连接最小搭接长度应为较薄件厚度的5倍,且不应小于25mm(下图),并应施焊纵向或横向双角焊缝；

搭接连接双角焊缝的要求

t—t_1、t_2中较小者；h_f—焊脚尺寸,按设计要求

(2)只采用纵向角焊缝连接型钢杆件端部时,型钢杆件的宽度不应大于200mm,当宽度大于200mm时,应加横向角焊缝或中间塞焊；型钢杆件每一侧纵向角焊缝的长度不应小于型钢杆件的宽度；

(3)型钢杆件搭接连接采用围焊时,在转角处应连续施焊。杆件端部搭接角焊缝作绕焊时,绕焊长度不应小于焊脚尺寸的2倍,并应连续施焊；

(4)搭接焊缝沿母材棱边的最大焊脚尺寸,当板厚不大于6mm时,应为母材厚度,当板厚大于6mm时,应为母材厚度减1~2mm(下图)；

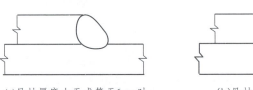

(a)母材厚度小于或等于6mm时   (b)母材厚度大于6mm时

图A：搭接焊缝沿母材棱边的最大焊脚尺寸

(5)用搭接焊缝传递荷载的套管连接可只焊一条角焊缝,其管材搭接长度不应小于$5(t_1+t_2)$,且不应小于25mm。搭接焊缝焊脚尺寸应符合设计要求(下图)。

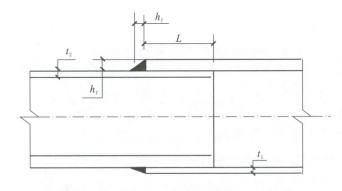

管材套管连接的搭接焊缝最小长度

h_f—焊脚尺寸,按设计要求

三、塞焊和槽焊焊缝的尺寸、间距、焊缝高度应符合的规定

(1)塞焊和槽焊的有效面积应为贴合面上圆孔或长槽孔的标称面积。

(2)塞焊焊缝的最小中心间隔应为孔径的 4 倍,槽焊焊缝的纵向最小间距应为槽孔长度的 2 倍,垂直于槽孔长度方向的两排槽孔的最小间距应为槽孔宽度的 4 倍。

(3)塞焊孔的最小直径不得小于开孔件厚度加 8mm,最大直径应为最小直径加 3mm 和开孔件厚度的 2.25 倍两值中较大者。槽孔长度不应超过开孔件厚度的 10 倍,最小及最大槽宽规定应与塞焊孔的最小及最大孔径规定相同。

(4)塞焊和槽焊的焊缝高度应符合下列规定:

①当母材厚度不大于 16mm 时,应与母材厚度相同;

②当母材厚度大于 16mm 时,不应小于母材厚度的一半和 16mm 两值中较大者。

(5)塞焊焊缝和槽焊焊缝的尺寸应根据贴合面上承受的剪力计算确定。

在次要构件或次要焊接连接中,可采用断续角焊缝。断续角焊缝焊段的长度不得小于 $10h_f$ 或 50mm,其净距不应大于 $15t$(对受压构件)或 $30t$(对受拉构件),t 为较薄焊件厚度。腐蚀环境中不宜采用断续角焊缝。

章节号	第三节	焊缝连接要求		
审 核	第五元素	设 计	第五元素产品开发小组	页 225

第八章 螺栓连接

第一节　螺栓连接概述

螺栓连接是一种广泛使用的可拆卸的固定连接,具有结构简单、连接可靠、装拆方便等优点。缺点是在交变荷载下,螺栓易松动,对制孔精度的要求较高。

按照性能等级划分,螺栓可分为 3.6、4.6、4.8、5.6、5.8、6.8、8.8、9.8、10.9、12.9 十个等级,其中 8.8 级及以上螺栓材质为低碳合金钢或中碳钢并经热处理,通称为高强度螺栓。高强度螺栓根据性能等级分为 8.8 级和 10.9 级,8.8 级以下通称普通螺栓,其中扭剪型只在 10.9 级中使用。

普通螺栓是可以反复使用的。而高强度的螺栓则相反,它不能够重复的使用。并且在材料上高强度的螺栓都是由强度比较高的材质制成的。而普通的螺栓是由普通的钢材制成的,一般只需要把它在连接处直接拧紧就行了。而从强度上来说,普通螺栓的等级分别是 4.4 级和 5.6 级以及 8.8 级,而高强度的螺栓等级分别是 8.8 级、10.9 级等。

螺栓的制作精度等级分为 A、B、C 级三个等级。A、B 级为精制螺栓。A、B 级螺栓应与 I 类孔匹配应用。I 类孔的孔径与螺栓公称直径相等,基本上无缝隙,螺栓可轻击入孔,类似于铆钉一样受剪及承压(挤压)。但 A、B 级螺栓对构件的拼装精度要求很高,价格也贵,工程中较少采用。C 级为粗制螺栓。C 级螺栓常与 I 类孔匹配应用。B 类孔的孔径比螺栓直径大 1～2mm,缝隙较大,螺栓入孔较容易,相应其受剪性能较差,C 级的普通螺栓适宜用于受拉力的连接,受剪时另用支托承受剪力。

章节号	第一节		螺栓连接概述	
审　核	第五元素	设　计	第五元素产品开发小组	页 229

第二节　螺栓分类及安装

一、螺栓及螺栓孔的种类

(1)永久性螺栓,安装完不需要替换,直接留在构件上,与连接构件之间的焊缝共同受力,高强螺栓和普通螺栓都可作为永久性螺栓进行安装,完成安装后,采取措施让它不会松动,一般有焊死螺帽,也有打毛丝扣,或者设双螺帽阻退。

(2)钢结构中的"安装螺栓"是相对于永久性螺栓而言的,是一种工艺螺栓,一般不作为主要承载零件,只是起到安装时连接作用,或者与焊接连接共同承载应力。安装螺栓在构件装配时使用,然后会依次替换为高强螺栓,所以是安装螺栓。

(3)高强螺栓就是高强度的螺栓,属于一种标准件。一般情况下,高强度螺栓可承受的载荷比同规格的普通螺栓要大。高强螺栓连接的螺栓采用10.9S级或8.8S级优质合金结构钢并经过热处理制作而成。

(4)胀锚螺栓,又称膨胀螺栓,拧紧以后会膨胀的,螺栓尾部有一个大头,螺栓外面套一个比螺栓直径稍大的圆管子,尾部那部分有几道开口,当螺栓拧紧以后,大头的尾部就被带到开口的管子里面,把管子冲大,达到膨胀的目的,进而把螺栓固定在地面或墙壁上,达到生根的目的。

(5)在钢结构的连接中,构件之间一般通过"螺栓连接",为了把螺栓杆穿过钢板,需在钢板上开孔。这个孔就叫螺栓孔,螺栓孔一般分为圆形螺栓孔和长圆形螺栓孔。

(6)对于某些有特殊要求的工件,当它不允许产生变形和金相变化,又要与多个复杂零件永久连在一起时,就在它上面需要的部位铆上铆钉,再在铆钉上用电焊焊上其他零部件,这就是电焊铆钉。

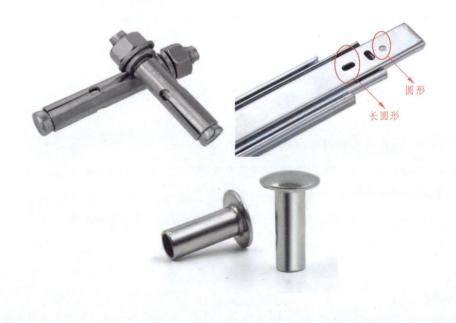

章节号	第二节	螺栓分类及安装		
审　核	第五元素	设　计	第五元素产品开发小组	页	230

二、永久性普通螺栓连接

（1）螺栓一端只能垫一个垫圈，并不得采用大螺母代替垫圈。螺栓紧固应牢固、可靠，外露螺纹不应少于2个螺距。

（2）螺栓连接时，为了使连接处螺栓受力均匀，螺栓的紧固次序应从中间开始，对称向两边进行；对大型接头应采用复拧，即两次紧固方法，保证接头内各个螺栓能均匀受力。

（3）普通螺栓紧固检验一般采用锤击法，即用0.3kg小锤，一手扶螺栓头，另一手用锤敲，要求螺栓头不偏移、不松动，锤声比较干脆，否则说明螺栓紧固质量不好，需要重新紧固施工。

（4）螺栓孔不得采用气割扩孔。

三、射钉、自攻螺钉及拉铆钉连接

自攻螺钉是指自带钻头的螺钉，即施工时不必预先钻孔，可以直接钻透钢板。对于一般的自攻螺钉，其钻透钢板的能力为6.0mm以下的钢板，特制厚板型自攻螺钉，其钻透能力可以达到12.0mm。自攻螺钉连接施工质量检验的重点应该是紧固状况、自攻螺钉的间距、边距要求和防水、防锈及密封措施等。拉铆钉、射钉等连接要求与自攻螺钉基本相同。自攻螺钉、拉铆钉、射钉等与连接钢板应紧固密贴，外观排列整齐。

轻型钢结构别墅

章节号	第二节		螺栓分类及安装		
审 核	第五元素	设 计	第五元素产品开发小组	页	231

第三节 螺栓连接施工

钢结构高强螺栓分为扭剪型高强螺栓、大六角高强螺栓、钢网架螺栓球节点用高强度螺栓。大六角高强螺栓比普通螺栓的强度高,而扭剪型高强螺栓则是大六角高强螺栓的改进型,更好施工。

大六角钢结构螺栓由一个螺栓,一个螺母,两个垫圈组成。

扭剪型钢结构螺栓由一个螺栓,一个螺母,一个垫圈组成。

一、施工要点

高强度螺栓连接时,摩擦面的状态对连接接头的抗滑移承载力有很大的影响,因此摩擦面必须进行处理。常见的处理方法如下:

(1)喷砂或喷丸处理。砂粒粒径为 1.2~1.4mm,喷射时间为 1~2min;喷射风压为 0.5MPa,处理完表面粗糙度可达 45~50μm。

(2)喷砂后生赤锈处理。喷砂后放置于露天生锈 60~90d,表面粗糙度可达到 55μm,安装前应清除表面浮锈。

扭剪型高强螺栓

(3)喷砂后涂无机富锌漆处理。

(4)砂轮打磨。使用粗砂轮片垂直于受力方向打磨,在安装现场局部采用砂轮打磨摩擦面时,打磨范围不应小于螺栓孔径的 4 倍。打磨后置于露天生锈效果更好,表面粗糙度可达 50μm 以上,但离散性较大。

(5)手工钢丝刷清理。使用钢丝刷将钢材表面的氧化皮等污物清理干净,该处理比较简便,但抗滑移系数较低,适用于次要结构和构件或局部处理。

大六角高强螺栓

(6)摩擦面抗滑移系数。摩擦面的抗滑移系数由设计确定。现行国家标准《钢结构设计规范》(GB 50017—2017)规定的抗滑移系数值见下表。

高强螺栓摩擦面			
连接处构件接触面的处理方法	构件的钢材牌号		
	Q235 钢	Q345 钢或 Q390 钢	Q420 钢或 Q460 钢
喷硬质石英砂或铸钢棱角砂	0.45	0.45	0.45
抛丸(喷砂)	0.40	0.40	0.40
钢丝刷清除浮锈或未经处理的干净轧制面	0.30	0.35	—

章节号	第三节	螺栓连接施工			
审 核	第五元素	设 计	第五元素产品开发小组	页	232

(7)钢结构制作和安装单位应按规范规定分别进行高强度螺栓连接摩擦面的抗滑移系数试验和复验,现场处理的构件摩擦面应单独进行摩擦面抗滑移系数试验,其结果应符合设计要求。

当试验或复验的构件其抗滑移系数值低于设计要求时,应分析原因,采取措施增大其摩擦系数,再对构件进行试验和复验,达到符合设计要求为止。

高强度螺栓连接的板叠接触面应平整。对因板厚公差、制造偏差或安装偏差等产生的接触面间隙(t),应按下表规定进行处理。

序号	示意图	处理方法
1		$t<1.0$mm 时可不予处理
2	磨斜面	$t=1.0\sim3.0$mm 时将厚板的一侧磨成 1:10 的缓坡,使间隙小于1.0mm
3		$t>3.0$mm 时加垫板,垫板厚度不小于3mm,最多不超过三层,垫板材质和摩擦面处理方法与构件相同

二、高强度螺栓安装

高强度螺栓安装的一般要求如下:

(1)临时螺栓连接安装时,在每个节点上应先穿入临时螺栓和冲钉,临时螺栓和冲钉的数量应根据安装时所承受的荷载计算确定,并应符合下列规定:

①不应少于安装孔总数的1/3。

②临时螺栓不应少于2个。

③冲钉穿入数量不宜多于临时螺栓的30%。

④钻后的 A、B 级螺栓孔不得使用冲钉。

⑤不准用高强度螺栓作临时螺栓。

(2)安装高强度螺栓时,严禁强行穿入(如用锤敲打)。当不能自由穿入时,应用锉刀或绞刀进行修孔,修整后孔的最大直径不应超过1.2倍螺栓直径。修孔时,为了防止铁屑落入板叠缝中,铰孔前应将四周螺栓全部拧紧,使板叠密贴后再进行。严禁气割扩孔。

高强度螺栓安装应在结构构件找正找平后进行,其穿入方向应以施工方便为准,并力求一致。高强度螺栓连接副组装时,螺母带圆台面的一侧应朝向垫圈有倒角的一侧。大六角头高强度螺栓连接副组装时,螺栓头下垫圈有倒角的一侧应朝向螺栓头。

(3)高强度螺栓紧固一般分初拧和终拧两次进行,这是由于接头连接板一般都会有些翘曲不平、板面之间不密贴,接头上先紧固的螺栓就有一部分预拉力损耗在钢板的变形上,当邻近螺栓拧紧使板缝消失后,先紧固的螺栓就会松弛,预拉力就会减少甚至消失。为使接头上各螺栓受力均匀,一般规定高强度螺栓紧固至少分两次进行;对于大型螺栓群或接头刚度较大、钢板较厚的节点,应分为初拧、复拧和终拧三次紧固。高强度螺栓的初拧、复拧和终拧应在同一天完成。

（4）紧固顺序：初拧、复拧和终拧应按照一定顺序进行，由于连接板的不平，随意紧固或从一端或两端开始紧固，会使接头产生附加内力，也可能造成摩擦面空鼓，影响摩擦力传递。紧固顺序应从接头刚度较大的部位向约束较小的方向、从栓群中心向四周顺序进行。

如下图所示：

①箱形接头应按下图所示 a、b、c、d 的顺序进行。

②一般接头应从接头中心向两端进行，如右上图所示；

③工字梁接头栓群应按右下图所示①～⑥顺序进行。

④工字形柱对接螺栓紧固顺序为先翼缘后腹板。

⑤两个接头栓群的拧紧顺序应为先主要构件接头，后次要构件接头。

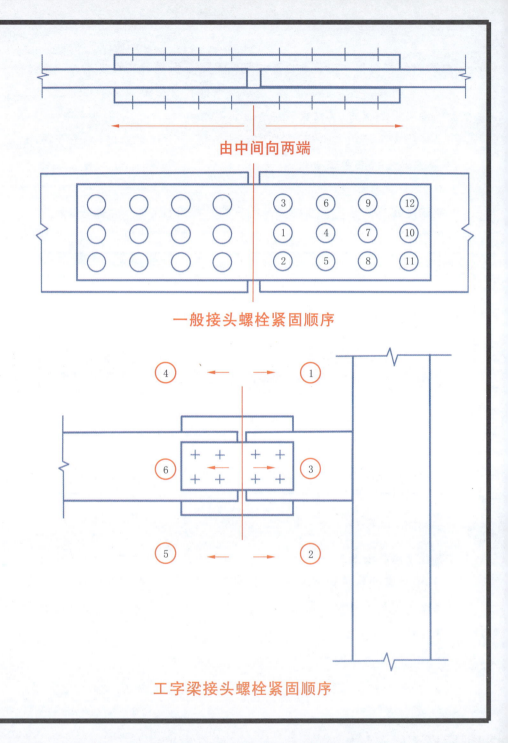

由中间向两端

一般接头螺栓紧固顺序

工字梁接头螺栓紧固顺序

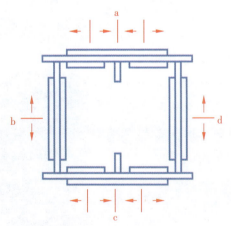

箱形接头螺栓紧固顺序

章节号	第三节	螺栓连接施工		
审　核	第五元素	设　计	第五元素产品开发小组	页 234

三、大六角头高强度螺栓连接副

特点：大六角头高强度螺栓的头部尺寸比普通六角头螺栓要大，可适应施加预拉力的工具及操作要求，同时也增大与连接板间的承压或摩擦面积。其产品标准为《钢结构用高强度大六角头螺栓、大六角螺母、垫圈技术条件》(GB/T 1231—2006)。

1. 螺栓、螺母、垫圈的性能等级和材料

类别	性能等级	材料	标准编号	适用规格
螺栓	10.9S	20MnTiB	GB/T 3077	≤M24
		ML20MnTiB	GB/T 6478	
		35VB		≤M30
	8.8S	45、35	GB/T 699	≤M20
		20MnTiB、40Cr	GB/T 3077	≤M24
		ML20MnTiB	GB/T 6478	
		35CrMo	GB/T 3077	≤M30
		35VB		
螺母	10H	45、35	GB/T 699	—
	8H	ML35	GB/T 6478	
垫圈	35HRC～45HRC	45、35	GB/T 699	

2. 螺栓、螺母、垫圈的使用配合

类别	螺栓	螺母	垫圈
形式尺寸	GB/T 1228 规定	GB/T 1229 规定	GB/T 1230 规定
性能等级	10.9S	10H	35HRC～45HRC
	8.8S	8H	

3. 表面缺陷

(1)螺栓、螺母的表面缺陷分别按《紧固件表面缺陷　螺栓、螺钉和螺柱一般要求》(GB/T 5779.2—2000)和《紧固件表面缺陷　螺母》(GB/T 5779.2—2000)的规定。

(2)垫圈不允许有裂纹、毛刺、浮锈和影响使用的凹痕、划伤。

4. 其他尺寸及形位公差

螺栓、螺母和垫圈的其他尺寸及形位公差应符合《紧固件公差　螺栓、螺钉、螺柱和螺母》(GB/T 3103.1—2002)和《紧固件公差　平垫圈》(GB/T 3103.3—2000)有关 C 级产品的规定。

5. 表面质量

螺栓、螺母和垫圈均应进行保证连接副扭矩系数和防锈的表面处理，表面处理工艺由制作厂选择。

6. 安装要求

(1)大六角头高强度螺栓初拧或复拧应做好标记,防止漏拧。一般初拧或复拧后标记用一种颜色,终拧结束后用另一种颜色,加以区别。

(2)凡是结构原因,使个别大六角头高强度螺栓穿入方向不能一致,当拧紧螺栓时,只准在螺母上施加扭矩,不准在螺杆上施加扭矩,防止扭矩系数发生变化。

(3)大六角头高强度螺栓施拧采用的扭矩扳手应进行校准,且均在规定的校准有效期内使用。

(4)大六角头高强度螺栓终拧结束后,采用 0.3～0.5kg 的小锤逐个敲击,以防漏拧。

(5)终拧扭矩检查。对每个节点螺栓数的10%(但不少于1个)进行扭矩检验。检验方法：在螺尾端头和螺母相对位置画线，将螺母退回60°左右，用扭矩扳手测定拧回至原来位置时的扭矩值。该扭矩值与施工扭矩值的偏差在10%以内为合格。

四、扭剪型高强度螺栓连接副

特点：扭剪型高强度螺栓的尾部连着一个梅花头，梅花头与螺栓尾部之间有一沟槽。当用特制扳手拧螺母时，以梅花头作为反拧支点，终拧时梅花头沿沟槽被拧断，并以拧断为准表示已达到规定的预拉力值。其产品标准为《钢结构用扭剪型高强度螺栓连接副》(GB/T 3632—2008)。

在标示方法上，小数点前数字表示热处理后的抗拉强度，小数点后的数字表示屈强比即屈服强度实测值与极限抗拉强度实测值之比。8.8级表示螺栓杆的抗拉强度不小于800MPa，屈强比为0.8；10.9级表示螺栓杆的抗拉强度不小于1000MPa，屈强比为0.9。结构设计中高强螺栓直径一般有M16/M20/M22/M24/M27/M30。

GB 50017—2017中提到摩擦面常规的处理方法包括：喷砂(丸)、喷砂(丸)后涂无机富锌漆、喷砂(丸)后生赤锈等。

第四节　螺栓构造要求

一、螺栓孔的孔径与孔型要求

（1）B 级普通螺栓的孔径 d_0 较螺栓公称直径 d 大 0.2～0.5mm，C 级普通螺栓的孔径 d_0 较螺栓公称直径 d 大 1.0～1.5mm；

（2）高强度螺栓承压型连接采用标准圆孔时，其孔径可按下表采用；

（3）高强度螺栓摩擦型连接可采用标准孔、大圆孔和槽孔，孔型尺寸可按下表采用；采用扩大孔连接时，同一连接面只能在盖板和芯板其中之一的板上采用大圆孔或槽孔，其余仍采用标准孔；

高强度螺栓连接的孔型尺寸匹配(mm)

螺栓公称直径		M12	M16	M20	M22	M24	M27	M30
孔型	标准孔 直径	13.5	17.5	22	24	26	30	33
	大圆孔 直径	16	20	24	28	30	35	38
	槽孔 短向	13.5	17.5	22	24	26	30	33
	槽孔 长向	22	30	37	40	45	50	55

（4）高强度螺栓摩擦型连接盖板按大圆孔、槽孔制孔时，应增大垫圈厚度或采用连续型垫板，其孔径与标准垫圈相同，对 M24 及以下的螺栓，厚度不宜小于 8mm；对 M24 以上的螺栓，厚度不宜小于 10mm。

二、直接承受动力荷载构件的螺栓连接应符合的规定

（1）抗剪连接时应采用摩擦型高强度螺栓；

（2）普通螺栓受拉连接应采用双螺帽或其他能防止螺帽松动的有效措施。

三、高强度螺栓连接设计应符合的规定

（1）本章的高强度螺栓连接均应按下表施加预拉力；

一个高强度螺栓的预拉力设计值(kN)

螺栓的承载性能等级	螺栓公称直径(mm)					
	M16	M20	M22	M24	M27	M30
8.8 级	80	125	150	175	230	280
10.9 级	100	155	190	225	290	355

（2）采用承压型连接时，连接处构件接触面应清除油污及浮锈，仅承受拉力的高强度螺栓连接，不要求对接触面进行抗滑移处理；

（3）高强度螺栓承压型连接不应用于直接承受动力荷载的结构，抗剪承压型连接在正常使用极限状态下应符合摩擦型连接的设计要求；

（4）当高强度螺栓连接的环境温度为 100～150 ℃时，其承载力应降低 10%。

当型钢构件拼接采用高强度螺栓连接时，其拼接件宜采用钢板。

四、螺栓连接设计要求

（1）连接处应有必要的螺栓施拧空间；

（2）螺栓连接或拼接节点中，每一杆件一端的永久性的螺栓数不宜少于 2 个；对格构构件的缀条，其端部连接可采用 1 个螺栓；

（3）沿杆轴方向受拉的螺栓连接中的端板（法兰板），宜设置加劲肋。

五、高强度螺栓排布间距要求

名称	位置和方向			最大容许间距 （取两者的较小值）	最小容许间距
中心间距	外排（垂直内力方向或顺内力方向）			$8d_0$ 或 $12t$	$3d_0$
	中间排	垂直内力方向		$16d_0$ 或 $24t$	
		顺内力方向	构件受压力	$12d_0$ 或 $18t$	
			构件受拉力	$16d_0$ 或 $24t$	
	沿对角线方向			一	
中心至构件 边缘距离	顺内力方向				$2d_0$
	垂直内力 方向	剪切边或手工切割边		$4d_0$ 或 $8t$	$1.5d_0$
		轧制边、自动气 割或锯割边	高强度螺栓		$1.2d_0$
			其他螺栓或铆钉		

注：1. d_0 为螺栓或螺钉的孔径，对槽孔为短向尺寸，t 为外层较薄板件的厚度；

2. 钢板边缘与刚性构件（如角钢、槽钢等）相连的高强度螺栓的最大间距，可按中间排的数值采用；

3. 计算螺栓孔引起的截面削弱时可取 $d+4mm$，d_0 的较大者，d 为螺栓公称直径。

章节号	第四节		**螺栓构造要求**		
审 核	第五元素	设 计	第五元素产品开发小组	页	238

第九章 钢构件安装工程

第一节　单层钢结构安装工程

一、基础和支承面

施工要点如下：

（1）基础准备包括轴线测量、基础支承面的准备、支承表面标高与水平度的检查、地脚螺栓和伸出支承面长度的测量等。安装前应进行检测，符合下列要求后办理交接验收。

①基础混凝土强度达到设计要求。

②基础周围回填夯实完毕。

③基础的轴线标志和标高基准点准确齐全。

④地脚螺栓位置应符合设计要求，其允许偏差应符合下表要求。

项目	允许偏差（mm）
螺栓（锚栓）露出长度	0.00～+30.0
螺纹长度	0.00～+30.0

⑤基础表面应平整，二次浇灌处的基础表面应凿毛；地脚螺栓预留孔应清洁；地脚螺栓应完好无损。

（2）当基础顶面或支座直接作为柱的支承面时，支承面标高及水平度应符合下表规定，同时要求支承面应平整，无蜂窝、孔洞、夹渣、疏松、裂纹及坑凸等外观缺陷。

（3）当基础顶面有预埋钢板作为柱的支承面时，钢板顶面标高及水平度应符合下表的规定，同时要求钢板表面平整，无焊疤、飞溅及水泥砂浆等污物。

项目		允许偏差（mm）
支承面	标高	±3.0
	水平度	L/1000（L 为支承面长度）
地脚螺栓（锚栓）	螺栓重心偏移	5.0
	预留孔中心偏移	10.0

（4）对钢柱脚和基础之间加钢垫板，再进行二次浇灌细石混凝土的基础，钢垫板应符合下列规定：

①钢垫板应设置在靠近地脚螺栓（锚栓）的柱脚底板加劲板或柱肢下，每根地脚螺栓（锚栓）侧应设 1～2 组垫板，每组垫板不得多于 5 块，垫板与基础顶面和柱脚底面的接触应平整、紧密。

②当采用成对斜垫板时,两块垫板斜度应相同,其叠合长度不应小于垫板长度的2/3。

③钢垫板面积应根据混凝土的强度等级、柱脚底板承受的荷载和地脚螺栓(锚栓)的紧固拉力计算确定。

钢垫板的面积推荐下式进行近似计算:$A = \dfrac{1000(Q_1 + Q_2)}{c}K$

式中　A——钢垫板面积(mm^2)

Q_1——二次浇筑前结构(建筑)重量及施工荷载等(kN);

Q_2——地脚螺栓紧固拉力(kN);

C——基础混凝土强度等级(N/mm^2);

K——安全系数,一般为3~5。

④垫板边缘应清除飞边、毛刺、氧化铁渣,每组垫板之间应贴合紧密,钢柱校正、地脚螺栓(锚栓)紧固后,二次浇灌混凝土前,垫板与柱脚底板、垫板与垫板之间均应焊接固定。

(5)当采用坐浆垫板时,应符合下列规定:

①坐浆垫板设置位置、数量和面积,应根据无收缩砂浆的强度、柱脚底板承受的荷载和地脚螺栓(锚栓)的紧固拉力计算确定。

②坐浆垫板的允许偏差应符合下表的要求。

项　　目	允许偏差(mm)
顶面标高	0.0～－3.0
水平度	$L/1000$(L 为支承长度)
位置	20.0

③采用坐浆垫板时,应采用无收缩砂浆混凝土,砂浆试块强度等级应高于基础混凝土强度一个等级。砂浆试块的取样、制作、养护、试验和评定应符合现行国家标准《混凝土强度检验评定标准》(GB 50107—2010)的规定。坐浆垫板是安装行业在近几年来所采用的一项重大革新工艺,它不仅可以减轻施工人员的劳动强度,提高工效,而且可以节约数量可观的钢材。坐浆垫板要承受结构的全部荷载。考虑到坐浆垫板设置后不可调节的特性,故对坐浆垫板的顶面标高要求较严格,规定误差为－3.0～0mm。

(6)采用杯口基础时,杯口尺寸的允许偏差应符合下表的规定。

项　　目	允许偏差(mm)
底面标高	－5.0～0.0
杯口深度 H	±5.0
杯口垂直度	$H/100$,且不应大于 10.0
位置	10.0

二、安装和校正

(一)钢柱安装与校正

1.吊装

钢柱的吊装一般采用自行式起重机,根据钢柱的重量和长度、施工现场条件,可采用单机、双机或三机吊装,吊装方法可采用旋转法、滑行法、递送法等。钢柱吊装时,吊点位置和吊点数,根据钢柱形状、长度以及起重机性能等具体情况确定。

一般钢柱刚性都较好,可采用一点起吊,吊耳设在柱顶处,吊装时要保持柱身垂直,易于校正。对细长钢柱,为防止变形,可采用两点或三点起吊。

如果不采用焊接吊耳,直接在钢柱本身用钢丝绳绑扎时要注意两点:一是在钢柱四角做包角,以防钢丝绳刻断;二是在绑扎点处,为防止工字型钢柱局部受挤压破坏,可增设加强肋板;吊装格构柱,绑扎点处设支撑杆。

2.就位、校正

(1)柱子吊起前,为防止地脚螺栓螺纹损伤,宜用薄钢板卷成套筒套在螺栓上,钢柱就位后,取去套筒。柱子吊起后,当柱底距离基准线达到准确位置,指挥起重机下降就位,并拧紧全部基础螺栓,临时用缆风绳将柱子加固。

(2)柱的校正包括平面位置、标高和垂直度的校正,因为柱的标高校正在基础抄平时已进行,平面位置校正在临时固定时已完成,所以,柱的校正主要是垂直度校正。

(3)钢柱校正方法是:垂直度用经纬仪或吊线坠检验,如有偏差,采用液压千斤顶或丝杠千斤顶进行校正,底部空隙用铁片或铁垫塞紧,或在柱脚和基础之间打入钢楔抬高,以增减垫板校正[图(a)、(b)];位移校正可用千斤顶顶正[图(c)];标高校正用千斤顶将底座少许抬高,然后增减垫板使达到设计要求。

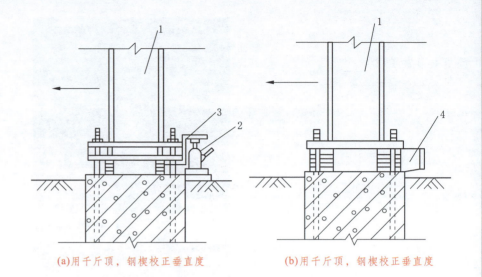

(a)用千斤顶,钢楔校正垂直度　　　　(b)用千斤顶,钢楔校正垂直度

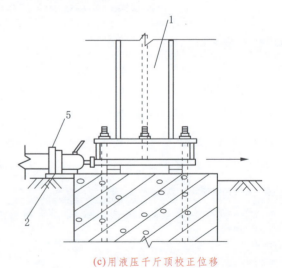

(c)用液压千斤顶校正位移

钢柱校正

1—钢柱;2—小型液压千斤顶;3—工字钢顶架;4—钢楔;5—千斤顶托座

(4)对于杯口基础,柱子对位时应从柱四周向杯口放入8个楔块,并用撬棍拨动柱脚,使柱的吊装中心线对准杯口上的吊装准线,并使柱基本保持垂直。柱对位后,应先把楔块稍稍打紧,再放松吊钩,检查柱沉至杯底后的对中情况,若符合要求,即可将楔块打紧作柱的临时固定,然后起重钩便可脱钩。吊装重型柱或细长柱时除需按上述进行临时固定外,必要时应增设缆风绳拉锚。

(5)柱最后固定:柱脚校正后,此时缆风绳不受力,紧固地脚螺栓,并将承重钢垫板上下点焊固定,防止走动;对于杯口基础,钢柱校正后应立即进行固定,及时在钢柱脚底板下浇筑细石混凝土和包柱脚,以防已校正好的柱子倾斜或移位。其方法是在柱脚与杯口的空隙中浇筑比柱混凝土强度等级高一级的细石混凝土。混凝土浇筑应分两次进行,第一次浇至楔块底面,待混凝土强度达25%时拔去楔块,再将混凝土浇满杯口。待第二次浇筑的混凝土强度达70%后,方能吊装上部构件。对于其他基础,当吊车梁、屋面结构安装完毕,并经整体校正检查无误后,在结构节点固定之前,再在钢柱脚底板下浇筑细石混凝土固定(如右图)。

(6)钢柱校正固定后,随即将柱间支撑安装并固定,使之成稳定体系。

(7)钢柱垂直度校正宜在无风天气的早晨或下午4点以后进行,以免因太阳照射受温差影响,柱子向阴面弯曲,出现较大的水平位移值,而影响其垂直度。

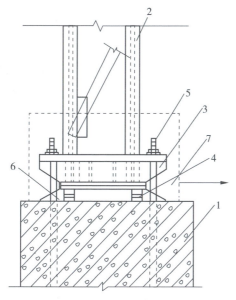

钢柱底脚固定方式

1—柱基础;2—钢柱;3—钢柱脚;
4—钢垫板;5—地脚螺栓;6—二次
灌浆细石混凝土;7—柱脚外包混凝土

(8)除定位点焊外,不得在柱构件上焊其他无用的焊点,或在焊缝以外的母材上起弧、熄弧和打火。

(二)钢吊车梁安装与校正

施工要点如下:

(1)钢吊车梁安装前,将两端的钢垫板先安装在钢柱牛腿上,并标出吊车梁安装的中心位置。

(2)钢吊车梁的吊装常用自行式起重机,钢吊车梁绑扎一般采用两点对称绑扎,在两端各拴一根溜绳,以牵引就位和防止吊装时碰撞钢柱。

(3)钢吊车梁起吊后,旋转起重机臂杆使吊车梁中心对准就位中心,在距支承面100mm左右时应缓慢落钩,用人工扶正使吊车梁的中心线与牛腿的定位轴线对准,并将与柱子连接的螺栓全部连接后,方准卸钩。

(4)钢吊车梁的校正,可按厂房伸缩缝分区、分段进行校正,或在全部吊车梁安装完毕后进行一次总体校正。

(5)校正包括:标高、平面位置(中心轴线)、垂直度和跨距。一般除标高外,应在钢柱校正和屋面吊装完毕并校正固定后进行,以免因屋架吊装校正引起钢柱跨间移位。

①标高的校正。用水准仪对每根吊车梁两端标高进行测量,用千斤顶或倒链将吊车梁一端吊起,用调整吊车梁垫板厚度的方法,使标高满足设计要求。

②平面位置的校正。平面位置的校正有以下两种方法：

通线校正法：用经纬仪在吊车梁两端定出吊车梁的中心线，用一根16～18号钢丝在两端中心点间拉紧，钢丝两端用20mm小钢板垫高，松动安装螺栓，用千斤顶或撬杠拨动偏移的吊车梁，使吊车梁中心线与通线重合。

仪器校正法：从柱轴线量出一定的距离 a（如下图），将经纬仪放在该位置上，根据吊车梁中心至轴线的距离 b，标出仪器放置点至吊车梁中心线距离 $e(e=a-b)$。松动安装螺栓，用撬杠或千斤顶拨动偏移的吊车梁，使吊车梁中心线至仪器观测点的读数均为 c，平面即得到校正。

③垂直度的校正。在平面位置校正的同时用线坠和钢尺校正其垂直度。当一侧支承面出现空隙，应用楔形铁片塞紧，以保证支承贴紧面不少于70%。

④跨距校正。在同一跨吊车梁校正好之后，应用拉力计数器和钢尺检查吊车梁的跨距，其偏差值不得大于10mm，如偏差过大，应按校正吊车梁中心轴线的方法进行纠正。

（6）吊车梁校正后，应将全部安装螺栓上紧，并将支承面垫板焊接固定。

（7）制动桁架（板）一般在吊车梁校正后安装就位，经校正后随即分别与钢柱和吊车梁用高强度螺栓连接或焊接固定。

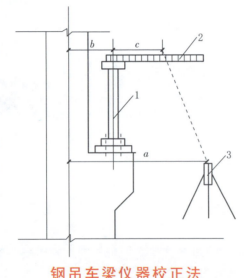

钢吊车梁仪器校正法
1—钢吊车梁；2—木尺；3—经纬仪

（三）钢屋架（盖）安装与校正

（1）钢屋架的吊装通常采用两点，跨度大于21m，多采用三点或四点，吊点应位于屋架的重心线上，并在屋架一端或两端绑溜绳。由于屋架平面外刚度较差，一般在侧向绑两道杉木杆或木方进行加固。钢丝绳的水平夹角不小于45°。

（2）屋架多用高空旋转法吊装，即将屋架从摆放垂直位置吊起至超过柱顶200mm以上后，再旋转臂杆转向安装位置，此时起重机边回转、工人边拉溜绳，使屋架缓慢下降，平稳地落在柱头设计位置上，使屋架端部中心线与柱头中心轴线对准。

（3）第一榀屋架就位并初步校正垂直度后，应在两侧设置缆风绳临时固定，方可卸钩。

（4）第二榀屋架用同样方法吊装就位后，先用杉木杆或木方与第一榀屋架临时连接固定，卸钩后，随即安装支撑系统和部分檩条进行最后校正固定，以形成一个具有空间刚度和整体稳定的单元体系。以后安装屋架则采取在上弦绑水平杉木杆或木方，与已安装的前榀屋架连系，保持稳定。

(5)钢屋架的校正。垂直度可用线坠、钢尺对支座和跨中进行检查;屋架的弯曲度用拉紧测绳进行检查,如不符合要求,可推动屋架上弦进行校正。

(6)屋架临时固定,如需用临时螺栓,则每个节点穿入数量不少于安装孔数的1/3,且至少穿入两个临时螺栓;冲钉穿入数量不宜多于临时螺栓的30%。当屋架与钢柱的翼缘连接时,应保证屋架连接板与柱翼缘板接触紧密,否则应垫入垫板便之紧密。如屋架的支承反力靠钢柱上的承托板传递时,屋架端节点与水平托板的接触要紧密,其接触面积不小于承压面积的70%,边缘最大间隙不应大于0.8mm,较大缝隙应用钢板垫实。

(7)钢支撑系统,每吊装一榀屋架经校正后,随即将与前一榀屋架间的支承系统吊上,每一节间的钢构件经校正、检查合格后,即可用电焊、高强螺栓或普通螺栓进行最后固定。

(8)天窗架安装一般采取两种方式:

①将天窗架单榀组装,屋架吊装校正、固定后,随即将天窗架吊上,校正并固定。

②当起重机起吊高度满足要求时,将单榀天窗架与单榀屋架在地面上组合(平拼或立拼),并按需要进行加固后,一次整体吊装。每吊装一榀,随即将与前一榀天窗架间的支撑系统及相应构件安装上。

(9)檩条重量较轻,为发挥起重机效率,多采用一钩多吊逐根就位,间距用样杆顺着檩条来回移动检查,如有误差,可放松或扭紧檩条之间的拉杆螺栓进行校正;平直度用拉线和长靠尺或钢尺检查。

(10)屋盖构件安装连接时,如螺栓孔眼不对,不得用气割扩孔或改为焊接。每个螺栓不得用两个以上垫圈;螺栓外露螺纹长度不得少于2～3扣,并应防止螺母松动;更不得用螺母代替垫圈。精制螺栓孔不准使用冲钉,也不得用气割扩孔。构件表面有斜度时,应采用相应斜度的垫圈。

(11)支撑系统安装就位后,应立即校正并固定,不得以定位点焊来代替安装螺栓或安装焊缝,以防遗漏,造成结构失稳。

(12)钢屋盖构件的面漆,一般均在安装前涂好,以减少高空作业。安装后节点的焊缝或螺栓经检查合格,应及时涂底漆和面漆。设计要求用油漆腻子封闭的缝隙,应及时封好腻子后,再涂刷油漆。高强度螺栓连接的部位,经检查合格,也应及时涂漆;油漆的颜色应与被连接的构件相同。安装时构件表面的油漆涂层如被损坏,应补涂。

(13)不准随意在已安装的屋盖钢构件上开孔或切断任何杆件,不得任意割断已安装好的永久螺栓。

(14)利用已安装好的钢屋盖构件悬吊其他构件和设备时,应经设计同意,并采取措施防止损坏结构。

(四)单层钢结构安装允许偏差

(1)檩条、墙架等次要构件安装允许偏差应符合下表的规定。

检验方法		允许偏差(mm)
墙架立柱中心线对定位轴线的偏移	10.0	钢尺
墙架立柱垂直度	$H/1000$,且不大于10.0	
墙架立柱弯曲矢高	$H/1000$,且不大于15.0	经纬仪或吊线和钢尺
抗风桁架的垂直度	$h/1000$,且不大于15.0	吊线和钢尺
檩条、墙梁的间距	±5.0	钢尺
檩条的弯曲矢高	$L/750$,且不大于12.0	拉线和钢尺
墙梁的弯曲矢高	$L/750$,且不大于10.0	拉线和钢尺

(2)钢平台、钢梯和防护栏杆安装的允许偏差应符合下表的规定。

项目	允许偏差(mm)	检验方法
平台高度	±15.0	水准仪
平台梁水平度	$L/1000$,且不大于 20.0	水准仪
平台支柱垂直度	$H/1000$,且不大于 15.0	经纬仪或吊线和钢尺
承重平台梁侧向弯曲	$h/1000$,且不大于 10.0	拉线和钢尺
承重平台梁垂直度	$h/250$,且不大于 15.0	拉线和钢尺
直梯垂直度	$L/1000$,且不大于 15.0	拉线和钢尺
栏杆高度	±15.0	钢尺
栏杆立柱间距	±15.0	钢尺

(3)现场焊缝组对间隙的允许偏差应符合下表规定。

项目	允许偏差(mm)
无垫板间隙	$+3.0$ 0.0
有垫板间隙	$+3.0$ -2.0

(4)钢屋(托)架、桁架、梁及受压杆件的垂直度和侧向弯曲矢高的允许偏差应符合下表的规定。

项目	允许偏差(mm)		图例
跨中垂直度	$h/250$,且 不大于 15.0		
侧向弯曲 矢高 f	$L\leqslant30m$	$h/1000$,且 不应大于 10.0	
	$30m<L\leqslant60m$	$h/1000$,且 不应大于 30.0	
	$L>60m$	$h/1000$,且 不应大于 50.0	

（5)单层钢结构主体结构的整体垂直度和整体平面弯曲的允许偏差应符合下表规定。

项目	允许偏差(mm)	图例
主体结构的整体垂直度	$H/1000$,且 不应大于 25.0	
主体结构的整体平面弯曲	$L/1000$,且 不应大于 25.0	

(6)钢柱安装的允许偏差应符合下表规定。

项 目			允许偏差(mm)	图 例	检验工具
柱脚底座中心线对定位轴线的偏移			5.0		吊线和钢尺
柱基准点标高	有吊车梁的柱		+3.0 -5.0		水准仪
	无吊车梁的柱		+5.0 -8.0		
弯曲矢高			$H/1200$,且不大于 15.0		经纬仪或拉线和钢尺
柱轴线垂直度	单层柱	$H{\leqslant}10\text{m}$	$H/1000$		经纬仪或吊线和钢尺
		$H{>}10\text{m}$	$H/1000$,且不大于 25.0		
	多节柱	单节柱	$H/1000$,且不大于 10.0		
		柱全高	35.0		

章节号	第一节	单层钢结构安装工程		
审 核	第五元素	设 计	第五元素产品开发小组	页 249

第二节　多层及高层钢结构安装工程

一、基础和支承面

多层及高层与单层钢结构的基础和支承面基本相同,详见本章第一节。

建筑物的定位轴线、基础上柱的定位轴线和标高、地脚螺栓(锚栓)的规格和位置、地脚螺栓(锚栓)紧固应符合设计要求。当设计无要求时,应符合下表的规定。

项　目	允许偏差	图例
建筑物定位轴线	$L/20000$,且不应大于3.0	
基础上柱的定位轴线	1.0	
基础上柱底标高	±2.0	基准点
地脚螺栓(锚栓)位移	2.0	

章节号	第二节	多层及高层钢结构安装工程		
审　核	第五元素	设　计	第五元素产品开发小组	页 250

二、安装和校正

(一)定位轴线、标高和地脚螺栓

(1)钢结构安装前,应对建筑物的定位轴线、平面封闭角、底层柱的位置线进行复查,合格后方能开始安装工作。

(2)测量基准点由邻近城市坐标点引入,经复测后以此坐标作为该项目钢结构工程平面控制测量的依据。必要时通过平移、旋转的方式换算成平行(或垂直)于建筑中轴线的坐标轴,便于应用。

(3)按照《工程测量规范》(GB 50026—2008)规定的四等平面控制网的精度要求(此精度能满足钢结构安装轴线的要求),在±0.000面上,运用全站仪放样,确定4～6个平面控制点。对由各点组成的闭合导线进行测角(六测回)、测边(两测回),并与原始平面控制点进行联测,计算出控制点的坐标。在控制点位置埋设钢板,做十字线标记,打上冲眼(如右图)。在施工过程中,做好控制点的保护,并定期进行检测。

(4)以邻近的一个水准点作为原始高程控制测量基准点,并选另一个水准点按二等水准测量要求进行联测。同样在±0.000的平面控制点中设定两个高程控制点。

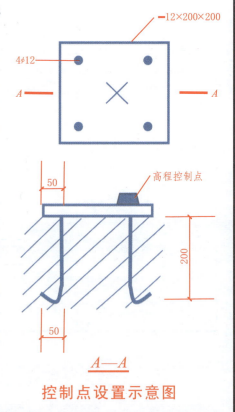

A—A

控制点设置示意图

(5)框架柱定位轴线的控制,应从地面控制轴线直接引上去,不得从下层柱的轴线引出。一般平面控制点的竖向传递可采用内控法。用天顶准直仪(或激光经纬仪)按下图方法进行引测,在新的施工层面上构成一个新的平面控制网。对此平面控制网进行测角、测边,并进行自由网平差和改化。以改化后的投测点作为该层平面测量的依据。运用钢卷尺配合全站仪(或经纬仪),放出所有柱顶的轴线。

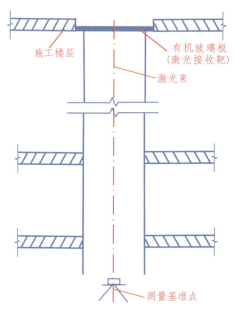

平面控制点竖向投点示意图

(6)结构的楼层标高可按相对标高或设计标高进行控制。

①按相对标高安装时,建筑物的积累偏差不得大于各节柱制作允许偏差的总和。

②按设计标高安装时,应以每节柱为单位进行柱标高的调整工作,将每节柱接头焊缝的收缩变形和在荷载作用下的压缩变形值,加到柱的

制作长度中去。楼层(柱顶)标高的控制一般情况下以相对标高控制为主,设计标高控制为辅的测量方法。同一层柱顶标高的差值应控制在5mm以内。

(7)第一节柱的标高,可采用在柱脚底板下的地脚螺栓上加一螺母的方法精确控制,如下图所示。

(8)柱的地脚螺栓位置应符合设计文件或有关标准的要求,并应有保护螺纹的措施。

(9)底层柱地脚螺栓的紧固轴力,应符合设计文件的规定。螺母止退可采用双螺母,或用电焊将螺母焊牢。

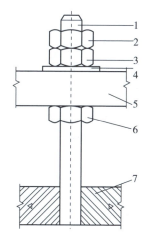

第一节柱标高的确定

1—地脚螺栓;2—止退螺母;3—紧固螺母;4—螺母垫板;
5—柱脚底板;6—调整螺母;7—钢筋混凝土基础

(二)安装机械

(1)多、高层钢结构安装机械一般采用1～2台塔式起重机做吊装主机,另用一台履带式起重机作副机,用作现场钢构件卸车、堆放、递送。塔式起重机形式一般根据构件单件重量、起吊高度、塔楼平面使用范围、工程量大小与工期要求、单机台班产量等选定;副机一般根据场地、道路情况、构件重量和一次输送距离选定。另配备1～2台人货两用垂直运输(人货电梯),供施工人员上下及各种连接、焊接材料、零星工具的垂直运输,人货电梯随钢框架的安装进度而逐渐增加高度。

(2)当采用塔式起重机(外附式、内爬式)进行钢结构安装时,应对塔式起重机基础以及塔式起重机与结构相连接的附着装置进行受力验算,并应采取相应的安全技术措施。

(三)钢构件吊装

1.钢柱吊装

钢柱吊装一般采取一点起吊。为了防止钢丝绳在吊钩上打滑,保证钢柱吊起后能保持竖直,钢柱的吊装应利用专用扁担。利用柱上端连接板上螺栓孔作为吊装孔。起吊时钢柱根部要垫实,通过吊钩上升与变幅以及吊臂回转,逐步将钢柱大致扶直,等钢柱停止晃动后再继续提升,将钢柱吊装到位。当钢柱根部未做保护时,应考虑两点吊装,以防止碰伤钢柱根部。钢柱吊装前预先在地面挂上牵引缆绳、操作挂篮、爬梯等。

钢柱吊装就位后,通过上、下柱头的临时耳板和连接板,用 M22×90mm 的大六角头高强度螺栓进行临时固定。固定前,要调整钢柱标高、位移和垂直度达到规范要求。

2.钢梁的吊装

钢梁吊装一般利用专用扁担,采用两点起吊。为提高塔式起重机的利用率,梁的吊装大多采用多梁一吊。一节钢柱之间有二层钢梁,可采取"二梁一吊"。先安上层梁,再装中、下层梁。此时,应将梁端的高强度螺栓用小布袋挂在梁上。若梁上没有耳板,可用钢丝绳直接捆扎。

章节号	第二节	多层及高层钢结构安装工程		
审 核	第五元素	设 计	第五元素产品开发小组	页 252

3. 压型钢板(楼板)安装

待二节钢柱范围内的所有柱、梁安装完毕，高强度螺栓终拧、顶层(上层)梁柱节点焊接完成后，复测安装精度，即可开始放线，铺设压型钢板。压型钢板吊装到位后，先铺顶层板，然后铺下层板，最后铺中层压型钢板。

钢构件安装和楼盖混凝土的施工应相继进行，两项作业相距不宜超过5层。

4. 其他要求

(1)当天安装的钢构件应形成空间稳定体系，否则要设临时支撑。

(2)进行钢结构安装时，楼面上堆放的荷载应予限制，不得超过钢梁和压型钢板的承载能力。

(3)安装外墙板时，应根据建筑物的平面形状对称安装。

(4)柱、主梁、支撑等大构件安装时，应随即进行校正。

(四)构件现场焊接

施工要点如下：

(1)钢结构现场焊接主要是：柱与柱、柱与梁、主梁与次梁、梁拼接、支撑、楼梯及支撑等的焊接。接头形式、焊缝等级由设计确定。

(2)焊接的一般工艺要求见第七章。

(3)多、高层钢结构的现场焊接顺序，应按照力求减少焊接变形和降低焊接应力的原则加以确定：

①在平面上，从中心框架向四周扩展焊接。

②先焊收缩量大的焊缝，再焊收缩量小的焊缝。

③对称施焊。

④同一根梁的两端不能同时焊接(先焊一端，待其冷却后再焊另一端)。

⑤当节点或接头采用腹板栓接、翼缘焊接形式时，翼缘焊接宜在高强度螺栓终拧后进行。

（4）梁、柱接头的焊接，宜先焊接梁下翼缘，后焊接上翼缘，上下焊接方向相反。焊接应设置长度大于3倍焊缝厚度的引弧板，板厚与焊缝厚度相适应，焊接完成后切割时留置5～10mm。

（5）柱与柱接头焊接，宜在本层梁与柱连接完成之后进行。施焊应由两名焊工在对称位置以相同速度同时均匀施焊。

①箱形钢柱接头应由两名焊工对称、逆时针施焊，焊接顺序如下图所示。起始焊点距柱角50mm，层间起焊点相互错开距离50mm以上，转角处需放慢焊接速度，保证焊接质量，焊接结束后，将柱耳板切除并打磨平整。

②H形钢柱接头的焊接顺序，宜先焊翼缘焊缝，再焊腹板焊缝，翼缘板焊接应由两名焊工对称、反向焊接，如右上图所示。

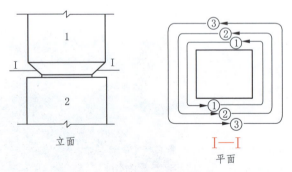

箱形柱接头焊接顺序

1—上柱；2—下柱
①、②、③表示焊接顺序

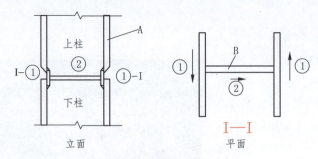

H形钢柱接头焊接顺序

A—翼缘；B—腹板
①、②表示焊接顺序；→—表示焊接走向

（6）对于板厚大于或等于25mm的焊缝接头，用多头烤枪进行焊前预热和焊后热处理，预热温度60～150℃，后热温度200～300℃，恒温1h。

（7）手工电弧焊时，当风速大于5m/s（五级风）；气体保护焊时，当风速大于3m/s（二级风），均应采取防风措施方能施焊。雨天应停止焊接。

（8）焊接工作完成后，焊工应在焊缝附近打上自己的钢印。焊缝应按要求进行外观检查和无损检测。

（9）同一层梁柱接头焊接顺序如下图所示。

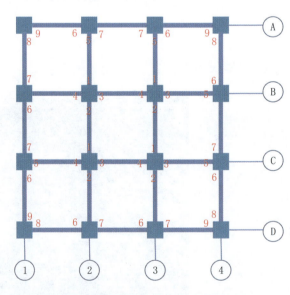

（五）安装校正

（1）钢柱就位后，先调整标高，后调整位移，最后调整垂直度。直到柱的标高、位移、垂直度符合要求：位移偏差应校正到允许偏差以内，垂直偏差应达到±0.000。

（2）钢柱校正采用"无缆风绳校正法"。上下钢柱临时对接应采用大六角头高强度螺栓，连接板进行摩擦面处理。连接板上螺孔直径应比螺栓直径大4～5mm。

①标高调整方法为：上柱与下柱对正后，用连接板与高强螺栓将下柱柱头与上柱柱根连起来，螺栓暂不拧紧；量取下柱柱头标高线与上柱柱根标高线之间的距离，量取四面；通过吊钩升降以及撬棍的拨动，使标高线间距离符合要求，初步拧紧高强螺栓，并在节点板间隙中打入铁楔。

②扭转调整方法：在上柱和下柱耳板的不同侧面加垫板，再夹紧连接板，即可以达到校正扭转偏差的目的。垂直度通过千斤顶与铁楔进行调整，在钢柱偏斜的同侧锤击铁楔或微微顶升千斤顶，便可将垂直度校正至零。钢柱校正如下图所示。钢柱校正完毕后拧紧接头上的大六角头高强度螺栓至设计扭矩。

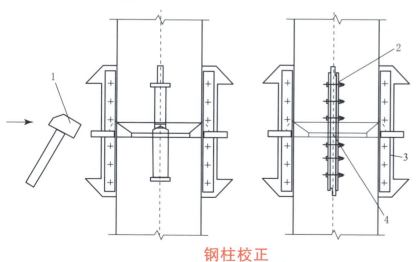

钢柱校正

1—铁锤；2—调扭转垫板；3—千斤顶；4—铁楔

（3）钢柱的标高一般按相对标高进行控制。按相对标高控制安装时，建筑物的积累偏差不得大于各节柱制作允许偏差的总和。采用相对标高安装的实质就是在预留了焊缝收缩量与压缩量的前提下，将同一个吊装节钢柱顶面理论上调校到同一标高。为了使柱与柱接头之间有充分的调整余量，上柱和下柱临时连接板所用的高强度螺栓直径与螺栓孔直径之间的间隙应由通常的1.5～2.0mm扩大到3.0～5.0mm。标高调整后，上柱与下柱之间的空隙在焊接时进行处理。考虑到钢柱工厂加工时的允许公差—1～＋5mm，采用相对标高调校后，就能把每节钢柱柱顶的对标高差控制在规范允许范围内。柱子安装的允许偏差应符合下表规定。

项目	允许偏差(mm)	图例
底层柱柱底轴线对定位轴线偏移	3.0	
柱子定位轴线	1.0	
单节柱的垂直度	$h/1000$，且不应大于10.0	

章节号	第二节	多层及高层钢结构安装工程		
审 核	第五元素	设 计	第五元素产品开发小组	页 255

(4)安装钢梁时,钢柱的垂直度会发生微量的变化,应采用两台经纬仪从互成90°两个方向对钢柱进行垂直度跟踪观测。在梁端高强度螺栓紧固之前、螺栓紧固过程中及所有主梁高强度螺栓紧固后,均应进行钢柱垂直度测量。当偏差较大时,应分析原因,及时纠偏。

(5)钢梁水平度校正。钢梁安装就位后,若水平度超标,主要原因是柱子吊耳位置或螺孔位置有偏差。可针对不同情况或割除耳板重焊或填平螺孔重新制孔。

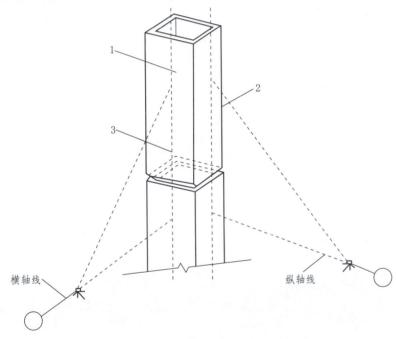

钢柱垂直度测量示意图

1—钢柱安装轴线; 2—钢柱; 3—钢柱中心线

(六)多层钢结构安装允许偏差

(1)主体结构的整体垂直度和整体平面弯曲的允许偏差如下表所示。

项目	允许偏差(mm)	图例
主体结构的整体垂直度	$H/2500+10.0$,且不应大于 50.0	
主体结构的整体平面弯曲	$L/1500$,且不应大于 25.0	

(2)主体结构总高度的允许偏差如下表所示。

项目	允许偏差(mm)	图例
用相对标高控制安装	$\pm \sum (\Delta h + \Delta z + \Delta w)$	
用设计标高控制安装	$H/1000$,且不应大于 30.0 $-H/1000$,且不应小于 -30.0	

注:Δh 为每节柱子长度的制造允许偏差;Δz 为每节柱子长度受荷载后的压缩值;Δw 为每节柱子接头焊缝的收缩量。

(3)钢构件的安装允许偏差如下表所示。

项目	允许偏差(mm)	图例	检验工具
上下柱连接处的错口 △	3.0		用钢尺检查
同一层各柱顶高度差 △	5.0		用水准仪检查
同一根梁两端 顶面的高差 △	$L/1000$,且不应大于 10.0		用水准仪检查
主梁与次梁表面的高差 △	±2.0		用直尺和钢尺检查
压型金属钢板在 钢梁上相邻列的错位 △	15.00		用直尺和钢尺检查

第三节　柱脚安装

一、一般规定

（1）多高层结构框架柱的柱脚可采用埋入式柱脚、插入式柱脚及外包式柱脚，多层结构框架柱尚可采用外露式柱脚，单层厂房刚接柱脚可采用插入式柱脚、外露式柱脚，铰接柱脚宜采用外露式柱脚。

（2）外包式、埋入式及插入式柱脚，钢柱与混凝土接触的范围内不得涂刷油漆；柱脚安装时，应将钢柱表面的泥土、油污、铁锈和焊渣等用砂轮清刷干净。

二、外露式柱脚安装

（1）柱脚锚栓不宜用以承受柱脚底部的水平反力，此水平反力由底板与混凝土基础间的摩擦力（摩擦系数可取 0.4）或设置抗剪键承受。

（2）柱脚底板尺寸和厚度应根据柱端弯矩、轴心力、底板的支承条件和底板下混凝土的反力以及柱脚构造确定。外露式柱脚的锚栓应考虑使用环境由计算确定。

（3）柱脚锚栓应有足够的埋置深度，当埋置深度受限或锚栓在混凝土中的锚固较长时，则可设置锚板或锚梁。

三、外包式柱脚安装

（1）外包式柱脚底板应位于基础梁或筏板的混凝土保护层内；外包混凝土厚度，对圆形截面柱不宜小于 160mm，对矩形管或圆管柱不宜小于 180mm，同时不宜小于钢柱截面高度的 30%；混凝土强度等级不宜低于 C30；柱脚混凝土外包高度，圆形截面柱不宜小于柱截面高度的 2 倍，矩形管柱或圆管柱宜为矩形管截面长边尺寸或圆管直径的 2.5 倍；当没有地下室时，外包宽度和高度宜增大 20%；当仅有一层地下室时，外包宽度宜增大 10%；

（2）柱脚底板尺寸和厚度应按结构安装阶段荷载作用下轴心力、底板的支承条件计算确定，其厚度不宜小于 16mm；

（3）柱脚锚栓应按构造要求设置，直径不宜小于 16mm，锚固长度不宜小于其直径的 20 倍；

（4）柱在外包混凝土的顶部箍筋处应设置水平加劲肋或横隔板，其宽厚比应符合标准的相关规定；

（5）当框架柱为圆管或矩形管时，应在管内浇灌混凝土，强度等级不应小于基础混凝土。浇灌高度应高于外包混凝土，且不宜小于圆管直径或矩形管的长边；

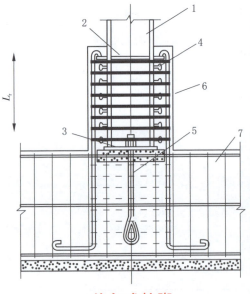

外包式柱脚

1—钢柱；2—水平加劲肋；3—柱底板；
4—栓钉（可选）；5—锚栓；
6—外包混凝土；7—基础梁；
L_t—外包混凝土顶部箍筋至柱底板的距离

(6)外包钢筋混凝土的受弯和受剪承载力验算及受拉钢筋和箍筋的构造要求应符合现行国家标准《混凝土结构设计规范》(GB 50010—2010)的有关规定,主筋伸入基础内的长度不应小于 25 倍直径,四角主筋两端应加弯钩,下弯长度不应小于 150mm,下弯段宜与钢柱焊接,顶部箍筋应加强加密,并不应小于 3 根直径为 12mm HRB335 级热轧钢筋。

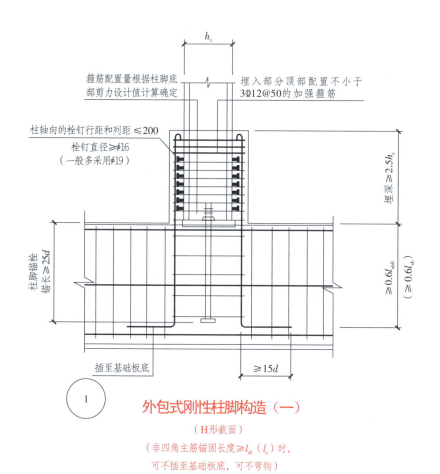

箍筋配置量根据柱脚底部剪力设计值计算确定

埋入部分顶部配置不小于 3Φ12@50 的加强箍筋

柱轴向的栓钉行距和列距 ≤200

栓钉直径 ≥φ16
(一般多采用φ19)

柱脚锚栓锚长 ≥25d

埋深 ≥2.5h_c

≥0.6l_{abE}
(≥0.6l_{ab})

插至基础板底

≥15d

① 外包式刚性柱脚构造（一）

（H形截面）

（非四角主筋锚固长度 ≥l_{aE}（l_a）时,

可不插至基础板底,可不弯钩）

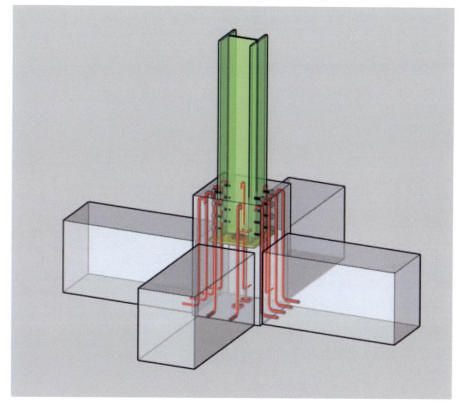

章节号	第三节		柱脚安装	
审 核	第五元素	设 计	第五元素产品开发小组	页 259

四、埋入式柱脚安装

埋入式柱脚构造应符合下列规定：

(1)柱埋入部分四周设置的主筋、箍筋应根据柱脚底部弯矩和剪力按现行国家标准《混凝土结构设计规范》(GB 50010—2010)计算确定,并应符合相关的构造要求。柱翼缘或管柱外边缘混凝土保护层厚度(如下图)、边列柱的翼缘或管柱外边缘至基础梁端部的距离不应小于400mm,中间柱翼缘或管柱外边缘至基础梁梁边相交线的距离不应小于250mm;基础梁梁边相交线的夹角应做成钝角,其坡度不应大于1∶4的斜角;在基础护筏板的边部,应配置水平U形箍筋抵抗柱的水平冲切。

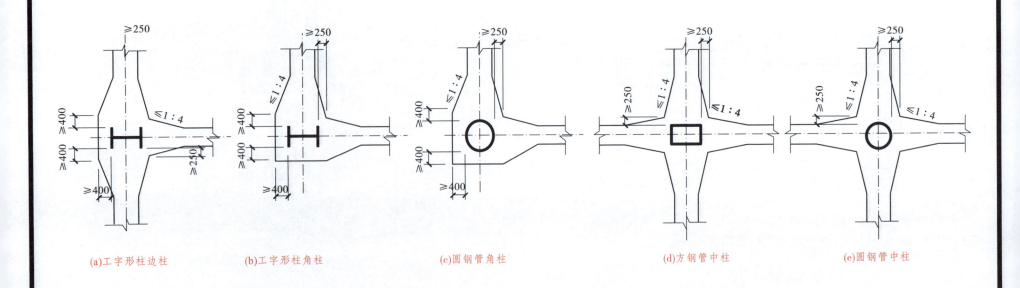

(a)工字形柱边柱　　　(b)工字形柱角柱　　　(c)圆钢管角柱　　　(d)方钢管中柱　　　(e)圆钢管中柱

章节号	第三节			柱脚安装		
审　核	第五元素	设　计		第五元素产品开发小组	页	260

(2)柱脚端部及底板、锚栓、水平加劲肋或横隔板的构造要求应符合标准有关规定。

(3)圆管柱和矩形管柱应在管内浇灌混凝土。

(4)对于有拔力的柱,宜在柱埋入混凝土部分设置栓钉。

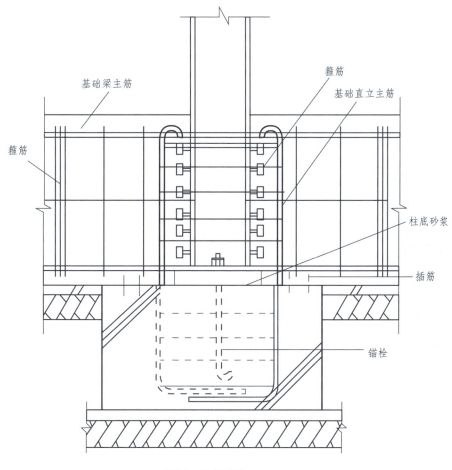

埋入式柱脚

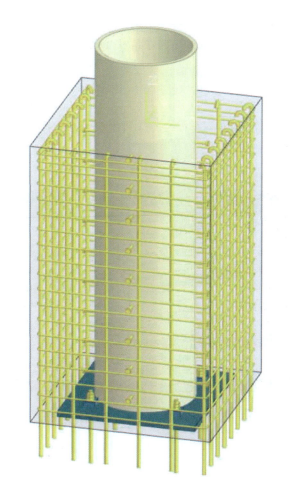

章节号	第三节			柱脚安装		
审 核	第五元素	设 计	第五元素产品开发小组		页	261

五、钢结构柱脚锚栓

锚栓在柱脚端弯矩作用下承受拉力,同时作为安装过程的固定之用。因此,其直径和数目除应满足计算要求外,还要满足一定的构造要求。锚栓应设置锚板或弯钩,弯钩长度不小于 $5d$,此时锚栓的锚固长度一般不宜小于 $25d$;柱脚底板和锚栓支承托座顶板的锚栓孔径,宜取锚栓直径加 $5\sim10mm$;锚栓垫板的孔径,取锚栓直径加 $2mm$。在钢柱安装校正完毕后,应将锚栓垫板与底板或锚栓支承托座顶板相焊牢,焊脚高度不宜小于 $10mm$;锚栓应采用双螺母紧固,为防止螺母松动,螺母与锚栓垫板尚应进行点焊。

柱脚螺栓

带端板的柱脚螺栓

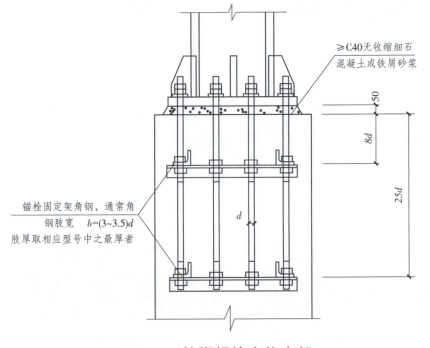

柱脚螺栓定位支架

章节号	第三节	柱脚安装		
审　核	第五元素	设　计	第五元素产品开发小组	页　262

第四节　压型钢板安装

一、压型钢板的类型

压型钢板按外形可分为平面压型钢板、曲面压型钢板、拱形压型钢板和瓦形压型钢板。

（1）平面压型钢板又可分为低波板、中波板和高波板。波高 12～30mm 为低波板，多用于墙面板和现场复合的保温屋面和墙面的内板。波高 30～50mm 为中波板，多用于屋面板。波高大于 50mm 为高波板，多用于单坡长度较长的屋面，一般需配专用支架，造价较前两种高。

（2）曲面压型钢板用于曲线形屋面或曲线檐口较多的情况。当屋面曲率半径较大时，可用于平面板的长向自然弯曲成型，不需要另外成型。当自然弯曲不能达到所需曲率时，应用曲面压型钢板。

（3）拱形压型钢板与曲面压型钢板的成型方法相似，但必须是全跨长度，通过板间咬合锁边形成整体拱形屋盖结构，它无需另加屋盖承重结构。

（4）瓦型压型钢板是指彩色钢板经辊压成波型，再冲压成瓦型或直接冲压成瓦型的产品。成型后的形状类似于常用的黏土瓦、筒型瓦等的形状，多用于民用建筑。

二、钢结构常用楼板形式

通常钢结构楼板采用底模承重，无需支设脚手架，压型钢板承受施工阶段的自重和活荷载。但应注意设计给出的组合板施工最大无支撑长度，超过此长度时应加设临时支撑。

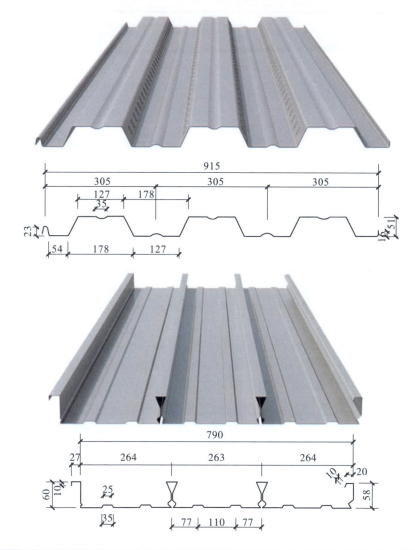

章节号	第四节	压型钢板安装		
审　核	第五元素	设　计	第五元素产品开发小组	页	263

三、压型钢板的规格

压型钢板规格及形状多种多样,常用的压型钢板规格尺寸见下表。

板型	截面形状	钢板厚度(mm)	支撑条件
YX51-360 （角驰Ⅱ）	360 51 适用于屋面板	0.6 0.8 1.0	悬臂、简支、连续
XY51-380-760 （角驰Ⅱ）	760 240 80 51 76 适用于屋面板	0.6 0.8 1.0	悬臂、简支、连续
XY-51-300-600 （W600）	666 55 70 130 300 适用于屋面板	0.6 0.8 1.0	悬臂、简支、连续
XY114-333-666	600 114 适用于屋面板	0.6 0.8 1.0	简支、连续

章节号	第四节		**压型钢板安装**			
审 核	第五元素	设 计	第五元素产品开发小组	页	264	

板型	截面形状	钢板厚度（mm）	支撑条件
XY35-190-760	190 190 29 35 760 适用于屋面板	0.6 0.8 1.0	悬臂、简支、连续
YX51-250-750	24 125 35 29 750 24 适用于墙板、屋面板	0.6 0.8 1.0	悬臂、简支、连续
XY52-600（U600）	600 52 适用于屋面板	0.5 0.6	简支、连续
XY28-150-750	110 28 150 30 750 适用于墙板	0.6 0.8 1.0	悬臂、简支、连续

章节号	第四节	**压型钢板安装**		
审 核	第五元素	设 计	第五元素产品开发小组	页 265

板型	截面形状	钢板厚度(mm)	支撑条件
YX28-205-820	适用于墙板	0.6 / 0.8 / 1.0	悬臂、简支、连续
YX51-250-750	适用于墙板	0.6 / 0.8 / 1.0	悬臂、简支、连续
YX24-210-840	适用于墙板	0.6 / 0.8 / 1.0	简支、连续
YX15-225-900	适用于墙板	0.6 / 0.8 / 1.0	简支、连续

章节号	第四节	压型钢板安装		
审 核	第五元素	设 计	第五元素产品开发小组	页 266

板型	截面形状	钢板厚度（mm）	支撑条件
YX15-118-826	826 / 17 / 118 / 14.5 / 15.4 / 适用于墙板	0.6 0.8 1.0	悬臂、简支、连续
YX75-175-600 （AP600）	600 / 175 / 125 / 125 / 175 / 75 / 适用屋面板	0.47 0.53 0.65	简支
YX28-200-740 （AP740）	740 / 170 / 200 / 200 / 170 / 28 / 适用屋面板	0.47 0.53	简支

章节号	第四节	**压型钢板安装**		
审　核	第五元素	设　计	第五元素产品开发小组	页 267

四、保温夹芯板

保温夹芯板是一种保温隔热材料(聚氨酯、聚苯或岩棉等)与金属面板间加胶后,经成型机辊压黏结成整体的复合板材。夹芯板板厚范围为30~250mm,建筑围护常用的夹芯板厚度范围为50~100mm。另外还有在两层压型钢板间加玻璃棉保温和隔热的做法。

岩棉夹芯屋面板

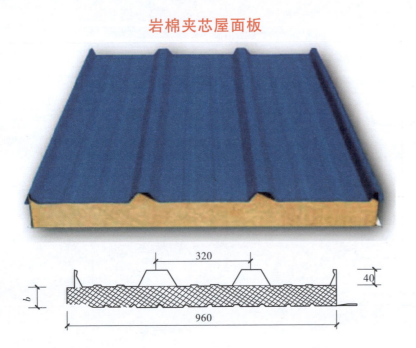

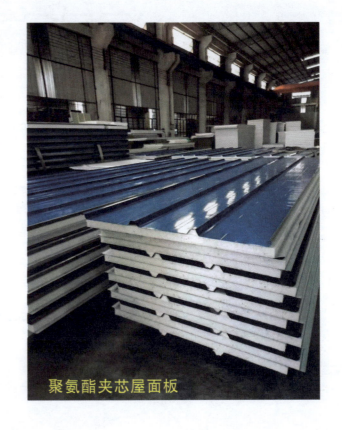

聚氨酯夹芯屋面板

章节号	第四节		压型钢板安装		
审 核	第五元素	设 计	第五元素产品开发小组	页	268

常用夹芯板规格尺寸见下表。

板型	截面形状	面板厚度(mm)	板厚 S(mm)	支撑条件
JxB-Qy-1000	1000 S 适用于屋面板	0.6	75 100 150	简支、连续
JxB42-333-1000	1000 500 500 47 20 20 22 45 S 27 3.0 3.5 22 23 27 聚苯乙烯泡沫塑料 彩色涂层钢板 适用于屋面板	0.6	75 100 150	简支、连续
JxB-QY-1000	1000 S 42 适用于墙板	0.6	50 60 80	简支、连续

章节号	第四节		压型钢板安装		
审 核	第五元素	设 计	第五元素产品开发小组	页	269

板型	截面形状	面板厚度（mm）	板厚 S(mm)	支撑条件
JxB-Q-1000	彩色涂层钢板　聚苯乙烯泡沫塑料　S **拼接式加芯墙板**	0.5	50 / 60 / 80	简支、连续
	1222(1172)　1200(1150)　S-6　S　S-7　22　4 23　聚苯乙烯泡沫塑料 **插接式加芯墙板**	0.5	50 / 60	简支、连续
	1000　25　28　S　24　岩棉 **插接式加芯墙板**		80	简支、连续

第十章　钢结构涂装工程

第一节　钢结构防腐涂料涂装

　　钢结构腐蚀的诱因很多。环境方面,应避免钢结构长期暴露在相对湿度比较大的环境中,而且环境中的酸、盐等化学物质会加速钢结构的腐蚀;其次是设计不合理,例如:钢架和墙体相距太近;施工时由于涂料质量控制及涂膜厚度的检查不严格也会造成腐蚀。钢结构的腐蚀生锈害处很大,既会降低钢结构的强度和承载能力,又可能因腐蚀造成钢结构变形、断裂、垮塌,一旦引发事故就会造成巨大损失。

一、钢构件除锈

刷轮除锈

喷砂除锈

手工除锈

(一)施工要点

(1)在涂装之前,必须对钢构件表面进行除锈。除锈方法应符合设计要求或根据所用涂层类型的需要确定,并达到设计规定的除锈等级。常用的除锈方法有喷射除锈、抛射除锈、手工和动力工具除锈等。

(2)喷射除锈和抛射除锈。

①喷射除锈是利用经过油、水分离处理过的压缩空气将磨料带入并通过喷嘴以高速射向钢材表面,利用磨料的冲击和摩擦力将氧化皮、铁锈及污物等除掉,同时使表面获得一定的粗糙度,以利漆膜的附着。

抛射除锈是利用抛射机叶轮中心吸入磨料和叶尖抛射磨料的作用进行工作。抛射机内的磨料被叶轮加速后,射向物体表面,以高速的冲击和摩擦力除去钢材表面的铁锈和氧化皮等污物。

②喷射和抛射除锈使用的(包括重复使用)磨料及种类喷射工艺指标,应符合下表规定。

磨料名称	磨料粒径 (mm)	压缩空气 压力(MPa)	喷嘴最小 直径(mm)	喷射角 (°)	喷距 (mm)
石英砂	3.2~0.63 0.8 筛余量大于40%	0.50~0.60	6~8	35~70	
金刚石	2.0~0.63 0.8 筛余量大于40%	0.35~0.45			100~200
钢线粒	线粒直径1.0,长度等于直径,其偏差小于直径的40%	0.50~0.60	4~5	35~75	
铁丸	1.6~0.63 0.8 筛余量大于40%				

③施工现场环境湿度高于80%,或钢材表面温度低于空气露点温度3℃时,禁止喷射除锈施工。

④喷射除锈后的钢材表面粗糙度,宜小于涂层总厚度的1/3~1/2。

(3)手工和动力工具除锈。

手工除锈:主要是用刮刀、手锤、钢丝刷和砂布等工具除锈。

动力工具除锈:主要是用风动或电动砂轮、刷轮和除锈机等动力工具除锈。

钢材除锈后,应用刷子或无油、水的压缩空气清理钢材表面,除去锈尘等污物,并应在当天涂完底漆。

(4)钢材表面除锈等级应符合设计要求。

(5)钢材表面除锈等级及评定。

①钢材表面除锈等级和质量要求,是以文字叙述和典型的样板照片共同确定的。样板照片参见《涂覆涂料前钢材表面处理表面清洁度处理》(GB/T 8923—2008)。

手工和动力工具除锈的钢材表面,有两个除锈等级:

除锈等级	要 求
St2	彻底的手工和动力工具除锈。钢材表面应无可见的油脂和污垢,并且没有附着不牢的氧化皮、铁锈和油漆涂层等附着物
St3	非常彻底的手工和动力工具除锈。钢材表面应无可见的油脂和污垢,并且没有附着不牢的氧化皮、铁锈、油漆涂层等附着物。并且比 St2 更彻底,钢材的显露部分应具有金属光泽

喷射或抛射除锈的钢材表面,有四个除锈等级:

除锈等级	要求
Sa1	轻度的喷射或抛射除锈。钢材表面应无可见油脂和污垢,并且没有附着不牢的氧化皮、铁锈和油漆涂层等附着物(仅适用于非重要结构)
Sa2	彻底的喷射或抛射除锈。钢材表面应无可见油脂和污垢,并且表面的氧化皮、铁锈、油漆涂层等附着物已基本清除,其残留物应是牢固附着的(牢固附着是指氧化皮和铁锈等物不能用金属腻子刀从钢材表面上剥离下来)
Sa2.5	非常彻底的喷射或抛射除锈。钢材表面应无可见的油脂、污垢、氧化皮、铁锈和油漆涂层等附着物,任何残留的痕迹应仅是点状或条纹状的轻微色斑
Sa3	使钢材表观洁净的喷射或抛射除锈。钢材表面应无可见的油脂、污垢、氧化皮、铁锈和油漆涂层等附着物,并应显示均匀的金属色泽(仅适用于特殊要求下的重要结构)

②除锈等级的检查评定。应在良好的散射日光下或在照度相当的人工照明条件下,用铲刀检查和目视进行检查评定,检察人员应具有正常视力,不借助放大镜等器具。

二、防腐涂装工程

(1)涂料的配制应按涂料使用说明书的规定执行。当天使用的涂料应当天配制,不得随意添加稀释剂。用同一型号品种的涂料进行多层施工时,中间层应选用不同颜色的涂料,一般应选浅于面层颜色的涂料。

(2)涂装遍数、涂层厚度应符合设计要求。当设计对涂层厚度无要求时,宜涂装两底两面,涂层干漆膜总厚度:室外应为 $150\mu m$,室内应为 $125\mu m$,允许偏差为 $-25\mu m$。

(3)除锈后的金属表面与涂装底漆的间隔时间一般不应超过 6h;涂层与涂层之间的间隔时间,由于各种油漆的表干时间不同,应以先涂装的涂层达到表干后才进行上一层的涂装,一般涂层的间隔时间不少于 4h。涂装底漆前,金属表面不得有锈蚀或污垢;涂层上重涂时,原涂层上不得有灰尘、污垢。

（4）禁止涂漆的部位：

①高强度螺栓摩擦结合面。

②机械安装所需的加工面。

③现场待焊部位相邻两侧各 50～100mm 的区域。

④设备的铭牌和标志。

⑤设计注明禁止涂漆的部位。

对禁止涂漆的部位，应在涂装前采取措施遮蔽保护。

（5）不需涂漆的部位：

①地脚螺栓和底板。

②与混凝土紧贴或埋入的部位。

③密封的内表面。

④通过组装紧密结合的表面。

⑤不锈钢表面。

⑥设计注明不需涂漆的部位。

（6）涂装施工可采用刷涂、滚涂、空气喷涂和高压无气喷涂等方法。宜根据涂装场所的条件、被涂物体的大小、涂料品种及设计要求，选择合适的涂装方法。

	不同涂装方法的施工要求		
刷涂	A. 对干燥较慢的涂料，应按涂敷、抹平和修饰三道工序操作。 B. 对干燥较快的涂料，应从被涂物的一边按一定顺序，快速、连续地刷平和修饰，不宜反复涂刷。 C. 漆膜的涂刷厚度应适中，防止流挂、起皱和漏涂	滚涂	A. 先将涂料大致地涂布于被涂物表面，接着将涂料均匀地分布开，最后让辊子按一定方向滚动，滚平表面并修饰。 B. 在滚涂时，初始用力要轻，以防涂料流落。随后逐渐用力，使涂层均匀

	不同涂装方法的施工要求	
空气喷涂	空气喷涂法是以压缩空气的气流使涂料雾化成雾状，喷涂于被涂物表面的一种涂装方法。应按下列要点操作： A. 喷枪压力：0.3～0.5MPa。 B. 喷嘴与物面的距离：大型喷枪为 20～30mm；小型喷枪为 15～25mm。 C. 喷枪应依次保持与钢材表面平行地运行，移动速度为 30～60cm/s，操作要稳定。 D. 每行涂层的边缘的搭接宽度应一致，前后搭接宽度一般为喷涂幅度的 1/4～1/3。 E. 多层喷涂时，各层应纵横交叉施工。 F. 喷枪使用后，应立即用溶剂清洗干净	高压无气喷涂	高压无气喷涂是利用高压泵输送涂料，当涂料从喷嘴喷出时，体积骤然膨胀而使涂料雾化，高速地喷涂在物面上。应按下列要点操作： A. 喷嘴与物面的距离：大型喷枪为 32～38mm。 B. 喷射角度 30°～60°。 C. 喷流的幅度：喷射大面积物件为 30～40cm。喷射较小面积物件为 15～25cm。 D. 喷枪的移动速度为 60～100cm/s。 E. 每行涂层边缘的搭接宽度为涂层幅度的 1/6～1/5。 F. 喷涂完毕后，立即用溶剂清洗设备，同时排出喷枪内的剩余涂料，吸入溶剂做彻底的清洗，拆下高压软管，用压缩空气吹净管内溶剂

（7）当钢结构处在有腐蚀介质或露天环境且设计有要求时，应进行涂层附着力测试，可按照现行国家标准《漆膜附着力测定法》（GB 1720—1989）或《色漆和清漆、漆膜的划格试验》（GB 9286—1998）执行。在检测范围内，涂层完整程度达到 70% 以上即为合格。

（8）二次涂装的表面处理和修补。

二次涂装是指物件在工厂加工涂装完毕后，在现场安装后进行的涂装；或者涂漆间隔时间超过一个月再涂漆时的涂装。

①二次涂装的钢材表面，在涂漆前应满足下列要求：

a. 现场涂装前，应彻底清除涂装件表面的油、泥、灰尘等污物，一般可用水冲、布擦或溶剂清洗等方法。

b.表面清洗后,应用钢丝绒等工具对原有漆膜进行打毛处理,同时对组装符号加以保护。

c.经海上运输的物件,运到港岸后,应用水清洗,将盐分彻底清洗干净。

②修补涂层。现场安装后,应对以下部位进行修补:

a.接合部的外露部位和紧固件等。

b.安装时焊接的部位。

c.构件上标有组装符号的部位。

(9)涂料、涂装遍数、涂层厚度均应符合设计要求。当设计对涂层厚度无要求时,涂层干漆膜总厚度:室外应为 $150\mu m$,室内应为 $125\mu m$,其允许偏差为 $-25\mu m$。每遍涂层干漆膜厚度的允许偏差为 $-5\mu m$。

(10)涂装完成后,构件的标志、标记和编号应清晰完整。

三、钢结构防腐相关要求

钢结构防腐蚀采用的涂料、钢材表面的除锈等级以及防腐蚀对钢结构的构造要求等,应符合《工业建筑防腐蚀设计标准》(GB 50046—2018)和《涂覆涂料前钢材表面处理表面清洁度的目视评定》(GB/T 8923.3—2009)的规定外,尚应满足以下要求:

项目	要 求
表面处理	钢结构在进行涂装前,必须将构件表面的毛刺、铁锈、氧化皮、油污及附着物彻底清除干净,采用喷砂、抛丸等方法彻底除锈,达到 Sa2.5 级。现场补漆除锈可采用电动、风动除锈工具彻底除锈,达到 St3 级,并达到 $35\mu m$~ $55\mu m$ 的粗糙度。经除锈后的钢材表面在检查合格后,应在 1h 内涂刷第一遍防锈底漆

项目	要 求
现场补漆	对已做过防锈底漆,但有损坏、返锈、剥落等的部位及未做过防锈底漆的零配件,应作补漆处理。具体要求为:以环氧富锌作修补防锈底漆,干膜厚度大于 $80\mu m$,再按所在部位,配套依次做封闭漆、中涂漆、面漆。现场连接的螺栓在施拧完毕后,应按设计要求补涂防锈漆。对露天或侵蚀性介质环境中使用的螺栓,除补涂防锈漆外,尚应对其连接板板缝及时用油膏或腻子等封闭
钢柱脚	在地面以下时,包裹的混凝土应高出地面 150mm,保护层厚度不应小于 50mm。当钢柱脚在地面以上时,柱脚底面应高出地面 150mm
镀锌处理	螺杆、轴销(及铸钢件)加工件表面粗糙度应不大于 $6.3\mu m$,表面用电镀锌层处理,锌镀层厚度为 20~30 μm。按照《金属及其他无机覆盖层钢铁上经过处理的锌电镀层》(GB/T 9799—2011)的要求进行
不同材料	铝和铝合金与钢材接触时,应采取隔离措施
其他	混凝土直接作用在钢梁上时,或采用组合楼板时钢梁顶面及高强螺栓连接部位不应涂刷油漆。组合钢梁顶面浇灌(或安装)混凝土翼板以前应清除铁锈、焊渣、积雪、泥土等杂物

钢结构防火涂料分为非膨胀型防火涂装和膨胀型防火涂装,也称为厚涂型和薄涂型。

(1)钢结构的防火应符合《建筑设计防火规范》(GB 50016—2014)与《建筑钢结构防火技术规范》(GB 51249—2017)的要求。不同的耐火等级对应不同的构件耐火时长,不同的构件耐火时长对应不同的涂装类型及厚度。

(2)防火涂料的厚度须达到构件耐火极限。防火涂料与钢结构防锈漆必须相容。防火涂料的性能、涂层厚度及质量要求应符合《建筑钢结构防火技术规范》(GB 51249—2017)、《钢结构防火涂料》(GB 14907—2018)、《钢结构防火涂料应用技术规范》(CECS 24—2020)的要求。

(3)钢表面做防火涂层时,防火涂层与防腐涂层性能相适配情况下,并经建筑师允许,防火涂层可代替防腐涂装的面层,但应能保证防火涂层与防腐涂层之间的附着力满足要求。防火防腐涂层施工完毕后,应对漆膜厚度、附着力等数据进行测试。

章节号	第二节		钢结构防火涂料涂装		
审核	第五元素	设计	第五元素产品开发小组	页	278

一、薄涂型、超薄型防火涂料涂装应符合的要求

①薄涂型防火涂料的底涂层（或主涂层）宜采用重力式喷枪喷涂,其压力约为 0.4MPa。局部修补和小面积施工,可用手工抹涂。面涂层装饰涂料可刷涂、喷涂或滚涂。

②双组分装薄涂型的涂料,现场调配应按说明书规定;单组分装的薄涂型涂料应充分搅拌。喷涂后,不应发生流淌和下坠。

③薄涂型防火涂料底涂层施工:

a.钢材表面除锈和防锈处理应符合要求。钢材表面应清理干净。

b.底涂层一般喷涂 2～3 次,每层喷涂厚度不超过 2.5mm,应待前一遍干燥后,再喷涂下一遍。

c.喷涂时涂层应完全闭合,各涂层间应黏结牢固。

d.操作者应采用测厚仪随时检测涂层厚度,其最终厚度应符合有关耐火极限的设计要求。

e.当设计要求涂层表面光滑平整时,应对最后一遍涂层做抹平处理。

④薄涂型防火涂料面涂层施工:

a.当底涂层厚度已符合设计要求,并基本干燥后,方可施工面涂层。

b.面涂层一般涂饰 1～2 次,颜色应符合设计要求,并应全部覆盖底层,颜色均匀、轮廓清晰、搭接平整。

c.涂层表面有浮浆或裂纹,裂纹宽度不应大于 0.5mm。

二、厚涂型防火涂料涂装应符合的要求

①厚涂型防火涂料宜采用压送式喷涂机喷涂,空气压力为 0.4～0.6MPa,喷枪口直径宜为 6～10mm。

②厚涂型涂料配料时应严格按配合比加料或加稀释剂,并使稠度适宜,当班使用的涂料应当班配制。

③厚涂型涂料施工时应分遍喷涂,每遍喷涂厚度宜为 5～10mm,必须在前一遍基本干燥或固化后,再喷涂下一遍;涂层保护方式、喷涂遍数与涂层厚度应根据施工方案确定。

④操作者应用测厚仪随时检测涂层厚度,80% 及以上面积的涂层总厚度应符合有关耐火极限的设计要求,且最薄处厚度不应低于设计要求的 85%。

⑤厚涂型涂料喷涂后的涂层,应剔除乳突,表面应均匀平整。

⑥厚涂型防火涂层出现下列情况之一时,应铲除重新喷涂。

a.涂层干燥固化不好,黏结不牢或粉化、空鼓、脱落时。

b.钢结构的接头、转角处的涂层有明显凹陷时。

c.涂层表面有浮浆或裂缝宽度大于 1.0mm 时。

三、防火涂层成品质量要求

钢结构防火涂层不应有误涂、漏涂,涂层应闭合,无脱层、空鼓、明显凹陷、粉化松散和浮浆等外观缺陷,乳突已剔除;保护裸露钢结构及露天钢结构的防火涂层的外观应平整,颜色装饰应符合设计要求。

章节号	第二节		钢结构防火涂料涂装		
审 核	第五元素	设 计	第五元素产品开发小组	页	279

第十一章　钢零件及钢部件加工要求

第一节　钢结构零部件加工概述

　　钢结构零部件加工是钢结构施工过程中一项重要环节,对保证钢结构安装完成后成品质量具有重要意义。一般包括工艺流程的选择、放样、号料、切割、矫正、成型、边缘加工、管球加工、制孔、摩擦面加工、端部加工、构件的组装、圆管构件加工和钢构件预拼装等。

章节号	第一节		钢结构零部件加工概述		
审　核	第五元素	设　计	第五元素产品开发小组	页	283

第二节 切 割

一、放样、号料

生产制作钢结构构件时，应合理地使用钢材，对所生产的钢结构构件用料规格进行规划和归纳，同一种材质、同一厚度的用料，按宽度、长度、数量进行汇总，然后根据每张钢板的实际截面进行下料规格的排列，变形截面可以采用套裁的方法等，使之不剩料边、料头，尽量降低钢材的消耗。

（一）放样

（1）放样前要熟悉施工图样，并逐个核对图样之间的尺寸和相互关系。以 1：1 的比例放出实样，制成样板（样杆）作为下料、成型、边缘加工和成孔的依据。

（2）样板一般用 0.50～0.75mm 的薄钢板制作。样杆一般用扁钢制作。当长度较短时可用木杆。样板精度要求见下表。

项目	平行线距离和分段尺寸	宽、长度	孔距	两对角线差	加工样板的角度
偏差极限	±0.5mm	±0.5mm	±0.5mm	1mm	±20′

（3）样板（样杆）上应注明工号、零件号、数量及加工边、坡口部位、弯折线和弯折方向、孔径和滚圆半径等。样板（样杆）应妥善保存，直至工程结束方可销毁。

（4）放样时，要进行边缘加工的工件应考虑加工预留量，焊接构件要按规范要求放出焊接收缩量。由于边缘加工时常成叠加工，尤其当长度较大时不易对齐，所有加工边一般要留加工余量 2～3mm。

刨边时的加工工艺参数

钢材性质	边缘加工形式	钢板厚度（mm）	最小余量（mm）
低碳结构钢	剪断机剪或切割	≤16	2
低碳结构钢	气割	＞16	3
各种钢材	气割	各种厚度	＞3
优质高强度低合金钢	气割	各种厚度	＞3

（二）号料

（1）以样板（样杆）为依据，在原材料上划出实际图形，并打上加工记号。

（2）根据配料表和样板进行套裁，尽可能节约材料。

（3）当工艺有规定时，应按规定的方向取料。

（4）操作人员画线时，要根据材料厚度和切割方法留出适当的切割余量。气割下料的切割余量及允许偏差见下表。

切割余量		号料的允许偏差	
材料厚度（mm）	切割余量（mm）	项目	允许偏差（mm）
≤10	1～2	零件外形尺寸	±1.0
10～20	2.5		
20～40	3.0	孔距	±0.5
40 以上	4.0		

二、机械切割

（一）施工要点

（1）切割下料时，根据钢材截面形状、厚度以及切割边缘质量要求的不同可以采用机械切割法、气割法或等离子切割法。

章节号	第二节	切 割		
审 核	第五元素	设 计	第五元素产品开发小组	页 284

(2) 在钢结构制造厂，一般情况下钢板厚度12mm以下的直线性切割常采用机械剪切。气割多数是用于带曲线零件和厚板的切割。各类中小规格的型钢和钢管一般采用机械切割，较大规格的型钢和钢管可采用气割的方法。等离子切割主要用于不锈钢材料及有色金属切割。

（二）机械切割注意事项

(1) 变形的型钢应预先经过矫直，方可进行锯切。

(2) 所选用的设备和锯片规格，必须满足构件所要求的加工精度。

(3) 单个构件锯切，先划出号料线，然后对线锯切。号料时，需留出锯槽宽度（锯槽宽度为锯片厚度＋0.5～1.0mm）。成批加工的构件，可预先安装定位挡板进行加工。

(4) 加工精度要求较高的重要构件，应考虑留放适当的精加工余量，以供锯割后进行端面精加工。

（三）机械剪切的允许偏差

项目	允许偏差（mm）
零件宽度、长度	±3.0
边缘缺棱	1.0
型钢端部垂直度	2.0

三、气割

气割原则上采用自动切割机，也可以使用半自动切割机和手工切割，气体可为乙炔、丙烷、碳-3工业燃气及其混合气等。

(1) 气割前，钢材切割区域表面的铁锈、污物等清除干净，并在钢材下面留出一定的空间，以利于熔渣的吹出。气割时，割矩的移动应保持匀速，被切割件表面距离焰心尖端以2～5mm为宜。距离太近，会使切口边沿熔化；太远了热量不足，易使切割中断。

(2) 气割时，气压要稳定；压力表、速度计等正常无损；机体行走平稳，使用轨道时要保证平直和无振动；割嘴的气流畅通，无污损；割矩的角度和位置准确。

(3) 气割时，大型工件的切割，应先从短边开始；在钢板上切割不同尺寸的工件时，应先割小件，后割大件；在钢板上切割不同形状的工件时，应先割较复杂的，后割较简单的；窄长条形板的切割，长度两端留出50mm不割，待割完长边后再割断，或者采用多割矩的对称气割的方法。

（4）气割时应正确选择割嘴型号、氧气压力、气割速度和预热火焰的能效等工艺参数。工艺参数的选择主要是根据气割机械的类型和切割的钢板厚度。如氧、乙炔切割，氧、丙烷切割的工艺参数和切嘴倾角与割件厚度的关系。

切嘴倾角与割件厚度的关系

割件厚度 (mm)	<6	6~30	>30		
			起割	割穿后	停割
倾角方向	后倾	垂直	前倾	垂直	后倾
倾角度数	25°~45°	0°	5°~30°	0°	5°~30°

气割的允许偏差范围

项目	允许偏差（mm）
零件宽度、长度	±0.3
切割平面度	$0.05t$，且不应大于2.0
割纹深度	0.3
局部缺口深度	1.0

四、等离子切割

等离子切割是应用特殊的割矩，在电流、气流及冷却水的作用下，产生高达 20000~30000℃ 的等离子弧熔化金属而进行切割的设备。

（1）等离子切割的回路采用直流正接法，即工件接正极，钨极接负极，减少电极的烧损，以保证等离子弧的稳定燃烧。

（2）手工切割时不得在切割线上引弧，切割内圆或内部轮廓时，应先在板材上钻出直径 12~16mm 的孔，切割由孔开始进行。

（3）自动切割时，应调节好切割参数和小车行走速度。切割过程中要保持割轮与工作台垂直，避免产生熔瘤，保证切割质量。

第三节　矫正和成型

一、矫正

（一）施工要点

（1）钢结构制作中矫正可视变形大小、制作条件、质量要求采用冷矫正或热矫正方法。

（2）冷矫正：应采用机械矫正。冷矫正一般应在常温下进行。碳素结构钢在环境温度（现场温度）低于－16℃，低合金结构钢在环境温度低于－12℃时，不得进行冷矫正。用手工锤击矫止时，应采取在钢材下面加放垫锤等措施。

（3）热矫正：用冷矫正有困难或达不到质量要求时，可采用热矫正。

①火焰矫正常用的加热方法有点状加热、线状加热和三角形加热三种。点状加热根据结构特点和变形情况，可加热一点或数点。线状加热时，火焰沿直线移动或同时在宽度方向做横向移动，宽度一般约是钢材厚度的0.5～2倍，多用于变形量较大或刚性较大的结构。三角形加热的收缩量较大，常用于矫正厚度较大、刚性较强构件的弯曲变形。

②低碳钢和普通低合金钢的热矫正加热温度一般为600～900℃，800～900℃是热塑性变形的理想温度，一般不应超过900℃。中碳钢一般不用火焰矫正。

③矫正后，钢材表面不应有明显的凹面或损伤，划痕深度不得大于0.5mm。

（二）钢材矫正后的允许偏差范围规定（见下表）

（1）工字钢、槽钢尺寸、外形及允许偏差（mm）

	高度	允许偏差	图示
高度 h	＜100	±1.5	
	100～＜200	±2.0	
	200～＜400	±3.0	
	≥400	±4.0	
腿宽度 b	＜100	±1.5	
	100～＜150	±2.0	
	150～＜200	±2.5	
	200～＜300	±3.0	
	300～＜400	±3.5	
	≥400	±4.0	
腰厚度 d	＜100	±0.4	
	100～＜200	±0.5	
	200～＜300	±0.7	
	300～＜400	±0.8	
	≥400	±0.9	

项　　目	允许偏差	图示
外缘斜度 T	$T \leqslant 1.5\%b$	
	$2T \leqslant 2.5\%b$	
弯腰挠度 W	$W \leqslant 0.15d$	
弯曲度 工字钢	每米弯曲度≤2mm 总弯曲度≤总长度的0.20%	适用于上下、左右大弯曲
弯曲度 槽钢	每米弯曲度≤3mm 总弯曲度≤总长度的0.30%	

(2)焊接 H 型钢的允许偏差(mm)

项　　目		允许偏差	图例
截面高度 h	$h < 500$	± 2.0	
	$500 < h < 1000$	± 3.0	
	$h \geqslant 1000$	± 4.0	
截面宽度 b		± 3.0	
腹板中心偏移		2.0	
翼缘板垂直度 Δ		$h/100$,且 不应大于 3.0	
弯曲矢高(受压构件除外)		$h/1000$,且不 应大于 10.0	
扭曲		$h/250$,且不 应大于 5.0	
腹板局部 平面度 f	$f < 14$	3.0	

章节号	第三节	矫正和成型		
审　核	第五元素	设　计	第五元素产品开发小组	页　288

(3)角钢尺寸、外形及允许偏差(mm)

项目		允许偏差		图示
		等边角钢	不等边角钢	
边宽度 (B,b)	≤56	±0.8	±0.8	
	>56~90	±1.2	±1.5	
	>90~140	±1.8	±2.0	
	>140~200	±2.5	±2.5	
	>200	±3.5	±3.5	
边厚度 (d)	≤56	±0.4		
	>56~90	±0.6		
	>90~140	±0.7		
	>140~200	±1.0		
	>200	±1.4		
顶端直角		α≤50′		
弯曲度		每米弯曲度≤3mm 总弯曲度≤总长度 的0.30%		

(4)L型钢尺寸、外形及允许偏差(mm)

项目			允许偏差	图示
边宽度(B,b)			±4.0	
边厚度	长边厚度(D)		+1.6 −0.4	
	短边 厚度 (d)	≤20	+2.0 −0.4	
		>20~30	+2.0 −0.5	
		>30~50	+2.5 −0.6	
垂直度 (T)			T≤2.5%b	
长边平直度 (W)			W≤0.15D	
弯曲度			每米弯曲度≤3mm 总弯曲度≤总长度 的0.30%	适用于上下、左右大弯曲

（5）长度及允许偏差

①角钢的通常长度为 4000～19000mm，其他型钢的通常长度为 5000～19000mm。根据需方要求也可以供应其他长度的产品。

②型钢的长度及允许偏差

长度（mm）	允许偏差（mm）
≤800	＋50 0
大于80	＋80 0

（6）重量及允许偏差

①型钢应按理论重量交货，理论重量按线密度为 7.85g/cm 计算。经供需双方协商并在合同中注明，也可按实际重量交货。

②根据双方协议，型钢的每米重量允许偏差不应超过−5%～+3%。

③型钢的截面面积计算公式

型钢种类	计算公式
工字钢	$hd+2t(b-d)+0.615(r^2-r_1^2)$
槽钢	$hd+2t(b-d)+0.349(r^2-r_1^2)$
等边角钢	$d(2b-d)+0.215(r^2-2r_1^2)$
不等边角钢	$d(B+b-d)+0.215(r^2-2r_1^2)$

字母含义参照型钢构件尺寸识读注释。

二、成型

施工要点如下：

（1）在钢结构制作中，成型的主要方法有卷板（滚圈）、弯曲（煨弯）、折边和模具压制等。成型是由热加工或冷加工来完成的。

（2）热加工时所要求的加热温度，对于低碳钢一般在 1000～1100℃。热加工终止温度不应低于 700℃。加热温度过高，加热时间过长，都会引起钢材内部组织的变化，破坏原材料的机械性能。加热温度在 500～550℃ 时，钢材产生脆性。在这个温度范围内，严禁锤打，否则，容易使部件断裂。

（3）冷加工是利用机械设备和专用工具进行加工。在低温时不宜进行冷加工。对于普通碳素结构钢在环境温度低于−16℃，低合金结构钢在环境温度低于−12℃ 时，不得进行冷矫正。

（4）型材弯曲方法有冷弯、热弯，并应按型材的截面形状、材质、规格及弯曲半径制作相应的胎具，进行弯曲加工。

①型材冷弯加工时，其最小曲率半径和最大弯曲矢高应符合设计要求。制作冷压弯和冷拉弯胎具时，应考虑材料的回弹性。胎具制成后，应先用试件制作，确认符合要求后方可正式加工。

②型材热弯曲加工时，应严格控制加热温度，满足工艺要求，防止因温度过高而使胎具变形。

章节号	第三节	矫正和成型		
审　核	第五元素	设　计	第五元素产品开发小组	页　290

第四节　边缘加工

边缘加工施工要点如下：

(1)边缘加工方法有：采用刨边机(刨床)刨边，端面铣床铣边，型钢切割机切边，气割机切割坡口，坡口机坡口等方式。

(2)坡口形式和尺寸应根据图样和构件的焊接工艺进行。除机械加工方法外，可采用气割或等离子弧切割方法，用自动或半自动气割机切割。

(3)当用气割方法切割碳素钢和低碳合金钢的坡口时，对屈服强度小于 $400N/mm^2$ 的钢材，应将坡口上的熔渣氧化层等清除干净，并将影响焊接质量的凹凸不平处打磨平整；对屈服强度大于或等于 $400N/mm^2$ 的钢材，应将坡口表面及热影响区用砂轮打磨，除净硬层。

(4)当用碳弧气割方法加工坡口或清焊根时，刨槽内的氧化层、淬硬层或锈迹必须彻底打磨干净。

(5)刨边使用刨边机，需切削的板材固定在作业台上，由安装在移动刀架上的刨刀来切削板材的边缘。刨边加工的余量随钢材的厚度、钢板的切割方法的不同而不同，一般的刨边加工余量为 2～4mm。

第五节　球、杆件加工

一、球加工及检验

球加工施工要点如下：

(1)网架结构的节点形式有螺栓球、焊接球等。螺栓球由钢球、高强度螺栓、销子、套筒、锥头和封板组成(如下图)。一般由专业厂生产，现场组装。螺栓球的画线与加工，需要经过平面加工、角度划分、钻孔、攻丝、检验等一系列工艺。螺栓球热锻成型，外观质量要好，不得有裂纹、叠皱、过烧，氧化皮应清除。

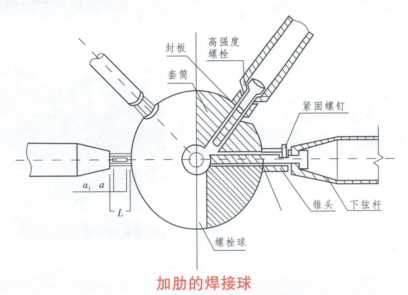

加肋的焊接球

1—封板；2—销子；3—锥头；4—套筒；5—螺栓；6—钢球

(2)焊接球为空心球体，由两个半球拼接对焊而成。焊接球分不加肋和加肋两类[如图(a)和图(b)所示]。钢网架重要节点一般均为加肋焊接球，加肋形式有加单肋，垂直双肋等。所以加肋圆球组装前，还应加肋、焊接。注意加肋高度不应超过球内表面，以免影响拼装。

章节号	第五节		球、杆件加工		
审　核	第五元素	设　计	第五元素产品开发小组	页	292

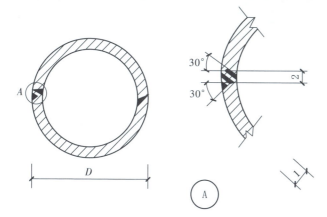

(a)不加肋的焊接球

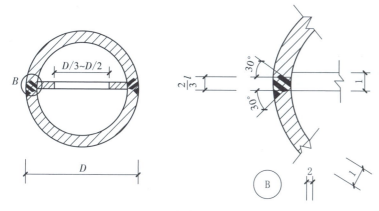

(b)加肋的焊接球

①焊接球下料时控制尺寸,并应放出适当余量。

②焊接球材料用加热炉加热到 600～900℃ 的适当温度,放到半圆胎具内,逐步压制成半圆形球,采取均匀加热的措施,压制时氧化皮应及时清理,半圆球在胎具内应能变换位置。

③半圆球成型后,从胎具上取出冷却,对半圆球用样板修正,应留出拼接余量。

④半圆球修正、切割以后,应在连接处打坡口,坡口角度与形式应符合设计要求。

⑤圆球拼装时,应用胎具,保证拼装质量。

⑥焊接球拼接为全熔透焊缝,焊接质量等级为二级。拼好的圆球放在焊接胎具上,胎具两边各打一个小孔固定圆球,并能慢慢旋转。圆球旋转一圈,调整各项焊接参数,用埋弧焊(也可以用气体保护焊)对焊接球进行多层多道焊接,直至焊缝填平为止。

⑦焊缝外观要求光滑,不得有裂纹、折皱,焊缝余高符合要求,检查合格后,应在 24h 之后对钢球焊缝进行超声波探伤检查。

(3)螺栓球、焊接球加工的允许偏差

螺栓球加工的允许偏差(单位 mm)			
项目		允许偏差	检验方法
圆度	$D\leqslant120$	1.5	用卡尺和游标卡尺检查
	$d>120$	2.5	
同一轴线上的两铣平面平行度	$D\leqslant120$	0.2	用百分表 V 形块检查
	$d>120$	0.3	
铣平面距球中心距离		±0.2	用游标卡尺检查
相邻两螺栓孔中心线夹角		±30′	用分度头检查
两铣平面与螺栓孔轴线垂直度		$0.005r$	用百分表检查
球毛坯直径	$D\leqslant120$	+2.0 −1.0	用卡尺和游标卡尺检查
	$d>120$	+3.0 −1.5	
直径		$+0.005d$ ±2.5	用卡尺和游标卡尺检查
圆度		2.5	
壁厚减薄量		$-0.03t$,且不应大于2.0	用卡尺和测壁厚仪检查
两半球对口错边		1.0	用套模和游标卡尺检查

二、杆件加工施工要点

(1)网架球节点均采用钢管作杆件。杆件平面端采用机床下料,管口相贯线宜采用自动切管机下料。

(2)杆件下料后应打坡口,焊接球杆件壁厚在5mm以下,可不开坡口,螺栓球杆件必须开坡口。

(3)螺栓球节点杆件端面与封板或与锥头相连。杆件与封板组装要求:必须有定位胎具,保证组装杆件长度一致。杆件与锥头定位点焊后,检查坡口尺寸,杆件与锥头应双边各开30°坡口,并有2~5mm间隙,封板焊接应在旋转焊接支架上进行,焊缝应焊透、饱满、均匀一致,不咬肉。

(4)杆件在组装前,应将相应的高强度螺栓埋入。埋入前,对高强度螺栓逐个进行硬度试验和外观质量检查,有疑义的高强度螺栓不能埋入,对埋入的高强度螺栓应做好保护。

(5)焊接球节点杆件与球体直接对焊,管端面为曲线,一般应采用相贯线切割机下料,或按展开样板号料,气割后进行镗铣;对管口曲线放样时应考虑管壁厚度及坡口等因素。管口曲线应用样板检查,其间隙或偏差不大于1mm,管的长度应预留焊接收缩余量。

(6)钢网架(桁架)用钢管杆件加工的允许偏差应符合下表的规定。

钢管杆件加工的允许偏差(单位 mm)		
项目	允许偏差	检验方法
长度	±1.0	用钢尺和百分表检查
端面对管轴的垂直度	$0.005r$	用百分表 V 形块检查
管口曲线	1.0	用套模和游标卡尺检查

第六节 制 孔

制孔施工要点如下：

（1）螺栓孔分为精制螺栓孔（A、B级螺栓孔—Ⅰ类孔）和普通螺栓孔（C级螺栓孔—Ⅱ类孔）。精制螺栓孔的螺栓直径与孔等径，其孔的精度与孔壁表面粗糙度要求较高，一般先钻小孔，板叠组装后铰孔才能达到质量标准；普通螺栓孔包括高强度螺栓孔、半圆头铆钉孔等，孔径应符合设计要求。其精度与孔粗糙度比 A、B级螺栓孔要求略低。

（2）制孔方法有两种：钻孔和冲孔。钻孔是在钻床等机械上进行，可以钻任何厚度的钢结构构件（零件）。钻孔的优点是螺栓孔孔壁损伤较小，质量较好。

（3）当精度要求较高、板叠层数较多、同类孔较多时，可采用钻模制孔或预钻较小孔径，在组装时扩孔的方法，当板叠小于5层时，预钻小孔的直径小于公称直径一级（3.0mm）；当板叠层数大于5层时，小于公称直径二级（6.0mm）。

（4）钻透孔用平钻头，钻不透孔用尖钻头。当板叠较厚，直径较大，或材料强度较高时，则应使用可以降低切削力的群钻钻头，便于排屑和减少钻头的磨损。

（5）当批量大，孔距精度要求较高时，采用钻模。钻模有通用型、组合型和专用钻模。

（6）长孔可用两端钻孔中间氧割的办法加工，但孔的长度必须大于孔直径的2倍。

（7）冲孔。钢结构制造中，冲孔一般只用于冲制非圆孔及薄板孔。冲孔的孔径必须大于板厚。

（8）高强度螺栓孔应采用钻成孔。高强度螺栓连接板上所有螺栓孔，均应采用量规检查，其通过率为：

用比孔的公称直径小1.0mm的量规检查，每组至少应通过85%；用比螺栓直径大0.2～0.3mm的量规检查，应全部通过。

按上述方法检查时，凡量规不能通过的孔，必须经施工图编制单位同意后，方可扩钻或补焊后重新钻孔。扩钻后的孔径不得大于原设计孔径2.0mm。补焊时，应用与母材力学性能相当的焊条，严禁用钢块填塞。每

章节号	第六节		制 孔		
审 核	第五元素	设 计	第五元素产品开发小组	页	295

组孔中补焊重新钻孔的数量不得超过 20%。处理后的孔应做好记录。

(9)A、B 级螺栓孔(Ⅰ类孔)应具有 H12 的精度,孔壁表面粗糙度 Ra 不应大于 $12.5\mu m$。其孔径的允许偏差应符合下表的规定。

A、B 级螺栓孔径的允许偏差(mm)			
序号	螺栓公称直径、螺栓孔直径	螺栓公称直径允许偏差	螺栓孔直径允许偏差
1	10~18	0.00 −0.21	+0.18 0.00
2	18~30	0.00 −0.21	+0.21 0.00
3	30~50	0.00 −0.25	+0.25 0.00

C 级螺栓孔(Ⅱ类孔),孔壁表面粗糙度 Ra 不应大于 $25\mu m$,其允许偏差应符合下表的规定。

C 级螺栓孔径的允许偏差(mm)	
项目	允许偏差
直径	+1.0 0.00
圆度	2.0
垂直度	$0.03t$,且不应大于 2.0

(10)螺栓孔孔距的允许偏差规定

螺栓孔孔距的允许偏差(mm)				
螺栓孔孔距范围	500	501~1200	1201~3000	>3000
螺栓孔任意两孔距离	±1.0	±1.5	—	—
相邻两组的端孔间距离	±1.5	±2.0	±2.5	±3.0

注:1. 在节点中连接板与一根杆件相连的所有螺栓孔为一组。

2. 对接接头在拼接板一侧的螺栓孔为一组。

3. 在两相邻节点或接头间的螺栓孔为一组,但不包括上述两项所规定的螺栓孔。

4. 受弯构件翼缘上的连接螺栓孔,每米长度范围内的螺栓孔为一组。